JN068959

なぜクルマ好きは性能ではなく物語(ブランド)を買うのか

自動車メーカー32ブランドの戦略

山崎 明
Yamazaki Akira

SAN-EI CORPORATION

目次

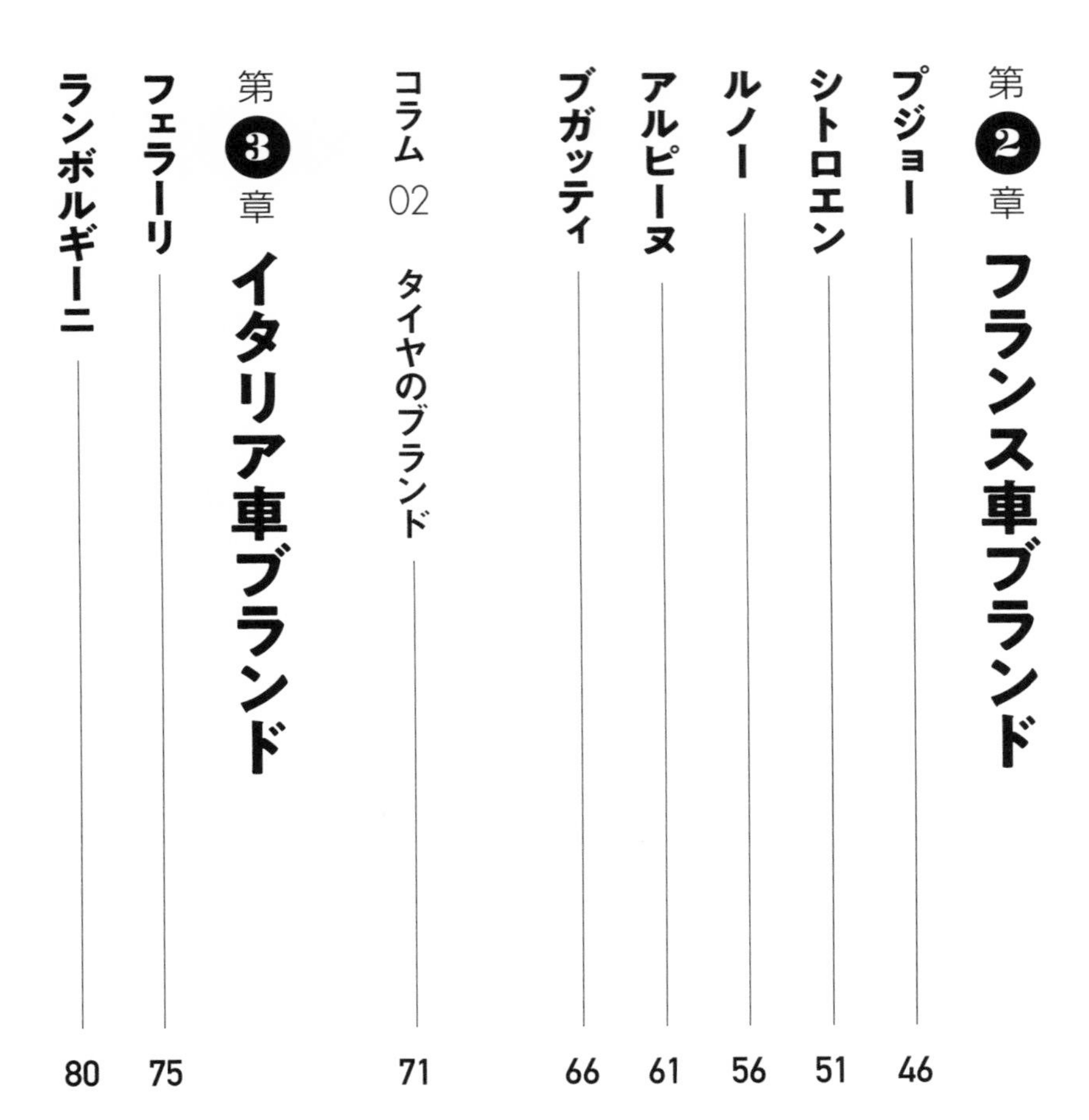

第2章 フランス車ブランド

第3章 イタリア車ブランド

第4章 日本車ブランド

はじめに

ブランド、とは何だろうか。インターブランドという会社が毎年ブランド力ランキングを発表している。2023年、自動車業界ではトヨタがトップで、2位はメルセデス・ベンツである。ブランド力が高いといっても、トヨタのブランド力とメルセデス・ベンツのブランド力では、その意味するところはまったく異なるであろう。共通するのは、選ぶならそのブランドを選びたいと思わせる力である。どうして人々がそう思うようになったのか、そのプロセスは各ブランドでまったく異なるのだ。

自動車業界は100年に一度の大変革の時代を迎えているといわれている。中国やヨーロッパでは電気自動車（BEV＝バッテリーEV）の比率が無視できないほどに高まり、BEV専業メーカーも多く出現し、BEV市場ではテスラとBYDという、共に2003年に生まれ、ここ10年ほどで急成長したブランドが圧倒的な強さを持つに至っている。しかし従来の自動車メーカーもBEV市場に本格参入を始めている現在、BEVであることが個性となっている会社のアドバンテージは徐々に薄れていくだろう。

また電動化が進むと、エンジン特性や、乗り味といった今までの各社の特色が出しにくくなる。そうなると、今まで以上に人々の頭の中にある「ブランド力」というものが大切になっていくのではないかと思われる。

自動車はＰＣやスマートフォンと違って、機能だけで選ばれるものではない。人がそれに乗って街中を走り回るものである。服と同じで、その人の価値観や趣味嗜好、経済力などを表現するものなのである。デザインや色が重要なのはもちろんだが、そのブランドが持っている歴史やストーリー、そして世間一般に思われているパーセプションなどで形成されるブランドイメージこそブランド選択の要であり、多くの人は意識するしないにかかわらず、そのブランドイメージに影響されながらブランド選択をしているのだ。

本著は、各自動車ブランドのブランド形成過程を明らかにし、その強みと今後の展開を予測しようというものである。残念ながらすべてのブランドは網羅できないが、日欧米32ブランドを選択してみた。意外と知られていない事実も多いので、楽しんでいただければ幸いである。

山崎　明

ドイツ車ブランド

German car brands

メルセデス・ベンツ
「盤石な高級ブランドはどこから？」

German car brands

１９２６年、カール・ベンツが作ったベンツ社と、世界初のモーターサイクルを発明したゴットリープ・ダイムラーとヴィルヘルム・マイバッハが作ったダイムラー社が合併し、ダイムラー・ベンツ社となった。ダイムラーは市販車に「メルセデス」という名を使っていたため、合併後の製品には「メルセデス・ベンツ」という名を使うこととなった。

その後一貫してメルセデス・ベンツというブランド名を使い続けている。２０２１年には社名もダイムラーからメルセデス・ベンツ・グループとなった。世界初の自動車に関しては諸説あるが、メルセデス・ベンツは１８８６年にカール・ベンツが作成した3輪の自動車が世界初としており、「自動車を発明した会社」であると一貫して主張している。

ダイムラー・ベンツは設立当初からありとあらゆる種類の自動車を作る大企業であり、乗用車に限らずトラック、バスも同じメルセデス・ベンツの名を使用している。安価な小型バンもあり、ドイツでは乗用車も昔からタクシーとして使われている。それは今でもまったく変わらないにもかかわらず世界を代表する高級車としてのブランドイメージはどこの国でも盤石である。

　商用車も作っていながらステータス性のある高級ブランドとして成立している例は他に存在しない（ボルボは別会社でトラックも製造しているが、ステータス性の高い高級ブランドとは言えないだろう）。メルセデス・ベンツはどのようにして、このブランドイメージを獲得できたのだろうか。

　歴史的な要因としてまず上げられるのがモータースポーツでの圧倒的な強さと、それを支える高性能技術である。フェルディナンド・ポルシェ博士が開発したＳＳＫにはじまり、戦前のグランプリや戦後のＦ１黎明期やル・マン24時間レースなど、メルセデス・ベンツはモータースポーツの世界で圧倒的な強さを見せ続けてきた。現在参戦中のＦ１でも２０１４年から２０２１年まで8年連続コンストラクターズチャンピオンを獲得している。ロードカーでも戦前の５４０Ｋや戦後の３００ＳＬなど、時代を象徴するような高性能車を数多く送り出した。

　一方、メルセデス・ベンツは１９５０年代から安全性の向上に取り組み、衝突実験の実施や事故調査などでその安全性を高めていった。１９６０〜70年代にかけてメルセデス・ベンツ車は、その見た目からも堅牢で安全性が高いことが感じられるようになった。運転感覚も安定感・安心感を重視するもので、そのイメージをサポートした。さらにはエアバッグやＡＢＳ、ＥＳＰといった先進安全装備でも大きく先行し、その安全性、堅牢性のイメージは他社を圧倒するようになったのである。

　半面、表面的豪華さはほとんど追求していなかったが、真に価値のある高級品として不動の位置を得ることになる。世界中の富豪や要人も愛用するようになったことから、その高級イメージとステータス性はさらに盤石なものとなった。このあたりのブランド成立プロセスは時計のロレックスとも非常に近い成り立ちであると言えるだろう。

このように、メルセデス・ベンツのブランドイメージを形成しているのは、長年にわたる製品から構築された他社より優れた安全性、堅牢性のイメージに加え、モータースポーツでの圧倒的な戦績である。すなわちメルセデス・ベンツが象徴しているのは〝強さ〟なのである。メルセデス・ベンツとは高級や豪華ではなく「他を圧倒する強さ」の象徴なのだ。

このイメージは結果的に社会的なステータスにもつながり、権力を持ち、ステータスを誇示したい層（反社会的な輩も含め）に支持されるようになり、そのユーザーイメージもブランドイメージをさらに強化することにつながっている。〝強さ〟の象徴なのだから、トラックなど商用車を作っていることやタクシーで使われていることもネガティブではなくポジティブに作用し、イメージポジションを維持強化する形となっている。逆に、このイメージゆえ製品の良さは理解しても手を出しにくいアンチ・メルセデスの人も多く存在する。

今やこのブランドイメージは世界的に不動なものとなっており、他社にとって製品レベルで追いついてもイメージポジションを奪うことはほぼ不可能な状態となっている。競合他社はメルセデス・ベンツの存在を認めた上で、メルセデス・ベンツとは違う独自のポジションを作らざるを得ない。つまり高級車市場においては、メルセデス・ベンツ以外はすべてニッチなブランドイメージを作る以外ないのである。

メルセデス・ベンツは一時期、製品作りにトラブルが続いた時期があったが、販売にほとんど影響がなかった。小型車のAクラスを発売しても、Sクラスの販売にはまったく影響していない。それもこの盤石なイメージがあればこそ、なのである。そのためか、今でもメルセデス・ベンツのブランド戦略は、BMWほど明確で強力なものでないように見受けられる。そもそも戦略的にブランドイメージを構築する必要がないからだ。

メルセデス・ベンツは現在マイバッハ、AMG、EQという3つのサブブランドを持っている。だが、マイバッハは今ひとつうまくいっていないように見える。マイバッハは戦前では超高級車を製造していた歴史があるが、モータースポーツに参戦しておらず、製造台数も限られていたためその名を知る人はごく限られた自動車愛好家だけだった。その歴史に埋もれていた名をロールス・ロイスに並ぶラグジュアリーブランドとして復活させようとしたのが新生マイバッハである。

当初は独立したブランドとしてスタートしたが、プロダクト的にもイメージ的にもメルセデス・ベンツとの明確な差別化に失敗し、販売は振るわなかった。ブランドイメージに通常のプレミアムブランドとは一線を画す貴族性や華やかさが求められる超高級車市場で、ロールス・ロイスやベントレーに対抗できるポジションを築くことができなかったのである。現在はメルセデス・ベンツラインナップの中の最上位という位置づけでメルセデス・ベンツとマイバッハ両方のエンブレムを装着する状態となっている。完全に独立したモデルの開発や独自の販売網を構築するほどの販売台数が期待できないことによる苦肉の策であろう。

一方、AMGはメルセデス・ベンツのもつ〝強さ〟をさらに拡張したブランドとして非常にわかりやすく、メルセデス・ベンツブランドとの親和性も強い。今では認知度も向上し、普通のメルセデス・ベンツよりさらに上の〝強さ〟を求める層に支持されている。F1も「メルセデスAMG」というチーム名を名乗り、前述のように8年連続でコンストラクターチャンピオンとなることでAMGの認知率向上と高性能イメージ強化につながっている。AMGは当初大排気量エンジンでパワーとトルクを獲得する手法で「メルセデスのさらに強いモデル」であることをわかりやすく表現し、その存在感を高めた。今では多くのモデルにAMGバージョンが用意されるまでになっている。

最後にBEVブランドのEQであるが、BEVは普及が進みつつある地域でもまだまだ少数派であり、ICE（内燃機関）搭載車とは異なる見え方、価値を示して差別化する必要が当分の間あるとの判断から生まれたブランドと考えられる。そのためデザインも通常のメルセデス・ベンツ車とは異なるテイストとなっている。しかし新しさを感じるEQにおいても、他車との最大の差別化ポイントは安全性や走行安定性であると考えられ、メルセデス・ベンツの伝統的ブランドイメージからのブレは認められない。BEVの時代になってもメルセデス・ベンツは、メルセデス・ベンツでありつづけるだろう。

フォルクスワーゲン
「VWが立たされる大きな岐路とは？」

フォルクスワーゲン（VW）は、広く知られている通り、ヒトラーが生み出したブランドである。ヒトラーは自動車を広く一般国民に普及させることを狙って、国民車（ドイツ語でフォルクスワーゲン）計画を打ち出した。国民車計画は各社が計画を進めていたが、フェルディナンド・ポルシェも関心を持ち、当初はツェンダップ、その後NSUの依頼により設計を進めていた。NSUで作られたプロトタイプは水平対向4気筒エンジンをリヤに搭載した、ビートルの原型と言えるものだった。

1934年、既存の自動車メーカーのレベルでは国民車の実現が難しいことが明らかになったため、国家プロジェクトとして国民車計画は推進されていくこととなった。そしてポルシェが正式に国民車計画の設計を請け負うこととなる。ヒトラーの要求は厳しく、大人2人と子供3人が乗れ、100㎞／hで巡航が可能、価格は当時モーターサイクルの価格に近い990マルクというものだった。またヒトラーは空冷エンジンであることも要求した。地方では不凍液の入手が困難なため、野外保管でもトラブルを起こさないようにという判断である。ポルシェはＮＳＵでの設計をベースとしながら開発を進め、１９３８年に最終プロトタイプが完成する。

ナチスは歓喜力行団（ＫｄＦ）という組織を作り、ドイツ国民に旅行、スポーツ、コンサートなど、福利厚生を提供していた。この国民車も国民への福利厚生の一環として生産されるということで、歓喜力行団を通じて販売され、購入のための積立制度も作られた。そのため、当初はＫｄＦ－Ｗａｇｅｎ（歓喜力行団の車）と呼ばれていた。

１９３７年、フォルスワーゲンの製造を行う会社としてフォルクスワーゲンが設立され、巨大な工場が建設されることになる。設立当初のフォルクスワーゲンは開発部門を持たず（開発はポルシェ設計事務所に一任していた）、製造に特化した会社だったのである。この工場の設計もポルシェに委ねられた。そのため大量生産のノウハウを得るべくポルシェはフォードに視察に行っている（ヘンリー・フォードは反ユダヤ主義でナチス支持者だったので協力的だった）。

しかしながら１９３９年に第二次世界大戦が勃発、フォルクスワーゲンは国民車の大量生産を戦前に開始できなかった。その代わりに生産されたのがフォルクスワーゲンをベースとした軍用車であるキューベルワーゲンとシュビムワーゲンである。少数ではあるが、ビートルのボディに4輪駆動機構を組み込んだモデルも生産された。

戦後フォルクワーゲン工場を接収したイギリス軍は、終戦直後の車両不足を補うべく工場を復興させて民生用のフォルクワーゲンの生産を開始する。なんと終戦から半年後の１９４５年12月に生産再開に漕ぎ着けたのである。その後、英語圏でビートルと呼ばれることとなるフォルクスワーゲン・タイプ１は好評を博し、輸出も始まり、日本では１９５３年からヤナセが輸入を開始した。煌びやかなアメリカ製大型車が全盛だった１９５０年代のアメリカにおいても、大型アメリカ車に対するアンチテーゼとして大ヒット商品となり、１９５５年には全米の販売を統括するフォルクスワーゲン・オブ・アメリカが設立された。アメリカにおいて展開されたフォルクスワーゲンの一連の広告は広告史上に残る名作とされ、インテリ層を中心にフォルクスワーゲンの人気向上に貢献した。

　前述したようにフォルクスワーゲンには当初本格的な開発部門がなかった。そのため、その後追加された車種はすべて空冷４気筒エンジンをリヤに置くという、ビートルをベースとした設計を踏襲することになる。これは１９６８年にデビューした４１１に至っても変わることはなかった。やがて時代は進み、ビートルをベースとした設計では競合他車に対する競争力が失われていった。

　そこでまったく新しい設計のモデルを開発しようということになるわけだが、そこでフォルクスワーゲンが頼ったのがまたもポルシェだった。１９６５年にポルシェに対し開発が委託されたが、開発を担当したのはあのフェルディナンド・ピエヒだった。ピエヒは極めてピエヒらしい凝った設計のＥＡ２６６を提案する。なんとエンジンを横倒しにしてリヤシート下にレイアウトするという、ミッドシップカーだった。低重心で運動性能に優れ、空間効率も高い優れた設計だったが、あまりに複雑で生産コストも高く、整備性にも問題があったため結局廃案となった。

　この状況を打破したのは、１９６４年に買収したアウトウニオンと１９６９年に買収したＮＳＵの存在である。アウトウニオンは買収後アウディブランドで水冷エンジンを縦置きした前輪駆動のモデルを作っていた。ＮＳＵは買収当時ロータリーエンジン搭載車Ｒｏ80のエンジンを、普通の４気筒エンジンに置き換えたモデルを開発中だったが、それをフォルクスワーゲンブランドで売ることにしたのである。それが1970年登場のK70で、フォルクスワーゲン初の水冷エンジン・前輪駆動のモデルとなった。

K70はアッパーミドルクラスゆえ販売台数は限定的だったが、それを契機にフォルクスワーゲン主力車種の水冷化・前輪駆動化は一気に進むこととなる。そこで白羽の矢が立てられたのがアウディである。その第1号はアウディ80をベースとした1973年発売のパサートだった。パサートはアウディ80の縦置き前輪駆動方式をそのまま流用したモデルだった。

ビートルの後継モデルとして決定打となったのは、その翌年の1974年に登場したゴルフである。スペース効率を高めるため、アウディのエンジンを横置きとし、コンパクトながら十分な居住空間のあるボディはジウジアーロが設計した。ゴルフはスタイリングもモダンで魅力的だった。ゴルフの誕生により、フォルクスワーゲンは実質本位なブランドイメージを維持しつつ、そのモデルを一気に近代化することに成功したのである。ゴルフを中心に小型のポロ、大型のパサートという布陣は盤石で、その後数十年にわたりフォルクスワーゲンを支えることになる。

1984年、現在のフォルクスワーゲンのあり方に大きな影響を及ぼすことになる決断が下される。西側の企業として初めて中国に進出したのだ。上海汽車とのジョイントベンチャーという形で、1985年からパサートの4ドアセダンモデルであるサンタナの生産が開始された。サンタナは当時の中国では画期的なクルマで、たちまち圧倒的なシェアを獲得することになる。1991年に第一汽車とも提携、長春に工場を建設し、ゴルフのセダン版であるジェッタが生産された。この2社はその後、生産車種を拡大、フォルクスワーゲンは中国で圧倒的存在感を誇るブランドとなった。2022年、フォルクスワーゲンブランドの乗用車は全世界で456万台販売されたが、なんとそのうち240万台が中国なのである。

もうひとつ、現在のフォルクスワーゲンに決定的な影響を与える出来事が2015年に起こる。いわゆるディーゼルゲートと呼ばれるディーゼル車の排ガス対策の不正の発覚である。欧州では環境対策の切り札としていたディーゼルの不正により、フォルクスワーゲンは開発の方向性の大幅変更を余儀なくされた。ハイブリッド技術で大きく日本メーカーに遅れていた（というよりほとんど開発していなかった）ため、一気にBEV化に舵を切り、主力モデルをBEVのIDシリーズとする方向性を打ち出した。

このように、現在のフォルクスワーゲンにとって中国市場とBEV市場が今後を占う鍵となっているのだ。しかし欧州のBEV市場の伸びは補助金の削減や廃止もあり停滞気味で、BEVの生産調整を余儀なくされており、ウォルフスブルグに計画していたBEV巨大工場の建設もキャンセルされた。BEV市場が拡大している中国市場では中国ブランドのBEVにまったく対抗できておらず、フォルクスワーゲンの中国におけるBEV比率は4％程度にとどまっており、市場シェアも以前の15％程度から10％程度まで低下している。フォルクスワーゲンブランドは非常に厳しい状況に追い込まれているわけだが、今後の動向に注目したい。

アウディ
「短期間で勝ち得た高性能でプレミアムなイメージ」

German car brands

アウディの歴史はいささか複雑だ。アウディという会社自体はアウグスト・ホルヒによって1910年に設立された。ホルヒは自らの名を冠した会社を1901年に設立していたが、経営上の対立から追放されてしまい、別会社を設立したというわけだ。自らの名は使えないので、ホルヒ（「聞く」という意味）のラテン語であるアウディを社名にしたのである。しかし1932年にホルヒとアウディはDKW、ヴァンダラーとともに4社合併されて、アウトウニオン社となる。4社が合併したことから4つの輪が連なるロゴマークが採用されたのである。4つ輪のマークはすべての製品につけられたが、4つのブランドはそれぞれ存続する形となった。

だがアウトウニオンは旧東ドイツ側に位置していたため、第二次大戦後はまた複雑な経緯を辿ることになる。東側の工場はその後トラバントなどを生産するようになるが、西側でも独自にアウトウニオンを復活させる動きとなった。設立された場所は現在のアウディにつながるインゴルシュタットで、当初はDKWブランドのクルマとモーターサイクルが作られた。

しかし1958年にアウトウニオンはダイムラー・ベンツに買収されてしまう。ダイムラー・ベンツ時代に生産されたクルマは、DKWないしアウトウニオンブランドだった。乗用車の主力アウトウニオン1000は、DKWの技術をベースに作られた。DKWは戦前から2ストロークエンジンを縦置きにした前輪駆動を採用しており、このモデルもそのレイアウトを踏襲していた。その後ブランド名としてDKWに統一される。

さらに1964年にまた大きな変化が起きる。アウトウニオンがフォルクスワーゲン傘下に移行したのだ。フォルクスワーゲンは当初アウトウニオン工場をビートルの生産拠点として活用した。一方、DKWの2ストロークエンジンは時代にそぐわなくなり、4ストローク化が求められた。DKWといえば2ストロークというイメージだったので、イメージを一新するためアウトウニオンのひとつのブランドだったアウディブランドを使うことになった。DKW由来のフロントオーバーハングにエンジンを縦置きする前輪駆動に4ストロークエンジンを搭載するという、現在のアウディに通じる基本レイアウトはこの時に生まれたわけだ。

しかし当初のアウディは非常に地味な実用車だった。一方で空冷エンジンが時代にそぐわなくなったフォルクスワーゲンは、アウディをベースにフォルクスワーゲン車の水冷化を進め、アウディとフォルクスワーゲンはクルマの成り立ちとしては非常に近くなって差別化が難しくなり、アウディの立ち位置をはっきりさせる必要に迫られた。

この今ひとつさえないイメージで存在価値が不明確なブランドを、一気にプレミアムブランドに育て上げたのが、ポルシェ博士の孫であるフェルディナンド・ピエヒである。ピエヒはポルシェでレーシングカーを開発するなど高性能指向の技術者だったが、当時ポルシェからポルシェ一族を排除するという流れがあり、その中で１９７２年にアウディをその居場所に選んだのだ。ピエヒがアウディで行った最初の開発は４ＷＤシステムの開発である。アウディの縦置きの前輪駆動はパワートレイン後端にトランスミッションがあるため４ＷＤを作りやすいというアドバンテージもあった（これはスバルも同様だ）。しかしピエヒは単に４ＷＤ化するのではなく、この技術をベースとしてプレミアムイメージをアウディに与えることを目指したのだ。

ピエヒはプレミアムイメージを構築するためには、高性能であることとモータースポーツで実績を上げることの重要性を認識していた。それまでの４ＷＤ車は、一部の例外を除いて悪路走破を目的としたオフロードをメインとするモデルであり、４ＷＤに高性能というイメージは皆無といってよかった。また４ＷＤといっても、ほとんどのモデルは必要な時にだけ４ＷＤとするパートタイム４ＷＤが主流だった。

そこでピエヒが選んだのは高性能ロードモデルとして４ＷＤを活用する方法である。ユニークな５気筒エンジンにターボを組み合わせて高出力化し、フルタイム４ＷＤとすることでトラクション性能を上げ、ポルシェ並みの性能をもつ「クワトロ」を１９８０年にデビューさせたのである。そしてクワトロ発売直後の１９８１年からＷＲＣに出場し、いきなりフルタイム４ＷＤの威力を見せつけ、参戦２年目の１９８２年にはマニュファクチャラーズ・チャンピオンを獲得した。

クワトロの登場を機に、コーポレートスローガンも「Ｖｏｒｓｐｒｕｎｇ ｄｕｒｃｈ Ｔｅｃｈｎ

ｉｋ（技術による先進）」とし、ロゴまわりには必ずこのスローガンを表記するようになった。このスローガンはこの時に生まれたものではなく、１９７１年に一度採用されたもので、その後、別ののに替えられていたのを復活させたのだ。このスローガンはどの国でもドイツ語のまま使用され、高性能イメージが強いドイツブランドのイメージも強化していった。

その後もピエヒは手を緩めることはなかった。１９８２年にモデルチェンジしたアウディ１００は徹底的に空力を追求したフラッシュサーフェスボディを持ち、当時としては圧倒的に先進感のあるスタイリングを纏って、スローガンの説得力を高めていったのである。有名なスキーのジャンプ台を登るＣＭもこのアウディ１００クワトロが使われた。この徹底的な技術指向のクルマ作りとモータースポーツにおける栄光により、アウディは短期間で高性能イメージとプレミアムイメージを獲得することに成功し、メルセデス・ベンツ、ＢＭＷと並ぶ第３のドイツプレミアムブランドとして認識されるようになった。

１９９９年からはル・マン24時間レースに挑戦、２０００年から２００２年まで３連勝を飾る。２００６年からはディーゼルエンジンで参戦し、ディーゼルエンジン車としてル・マン初勝利を挙げ、２０１２年にはハイブリッド車としてル・マン初勝利を記録した。２０００年から２０１４年の間に13勝という圧倒的な戦績を残し、ブランドイメージの更なる強化に成功した。

この技術志向のイメージを維持強化する目的から、アウディは近年電動化にも積極的に取り組んでいる。２０２１年発表の「Ｖｏｒｓｐｒｕｎｇ ２０３０」と名付けられた中期戦略によると、２０２６年以降に発売される車種はすべてＢＥＶになるという。そして２０３３年には内燃機関の生産を停止するという。つまり２０３３年にはＰＨＥＶもなくなり、ＢＥＶ専業のブランドになるということだ。ただし、アウディのＢＥＶ販売は増加しているものの、２０２２年の販売に占めるＢＥＶ比率は７・３％にすぎない。２０２３年上半期も８・３％だ。充電インフラの問題もある中、これをたった10年あまりで１００％に持って行けるのか、甚だ疑問である。

おそらく２０３３年の内燃機関廃止というのは、あくまで２０２１年における政治的なポーズとしての目標であって、実際にそうなるかどうかというのは別の問題と考えるべきかもしれない。その象徴的な出来事がＶｏｒｓｐｒｕｎｇ ２０３０を発表した１年後の２０２２年10月に発表された２０２６年からのＦ１参戦発表である。なぜ２０２６年以降ＢＥＶしか発売しないブランドが、まさにその年になぜ内燃機関を使用するＦ１に参戦するのか。２０２６年以降のＦ１は電動化率を高め、内燃機関と電気モーターの出力を50対50にするとはいえ、あくまで内燃機関メインのハイブリッドが動力源なのである。しかも、逆に電気のみで走るフォーミュラＥへの参戦は２０２１年で取りやめてしまっているのだ。

Ｖｏｒｓｐｒｕｎｇ ２０３０を発表したものの、直近の動向としては高性能スポーツカーなどで合成燃料を使用することで内燃機関が生き延びる可能性が高まっている。今後ＢＥＶだけでは技術的差別化が困難となり、高性能イメージが維持できない可能性があるという判断ではないだろうか。このあたりの中長期戦略というのは、状況に応じて調整されていくと思われる。アウディが目指しているのは、先進技術と高性能イメージの維持強化であって、ＢＥＶ化ではないのだから。

ポルシェ
「911ブランドこそ圧倒的な強さの源泉」

German car brands

ポルシェといえば、フェルディナンド・ポルシェ博士である。ポルシェは1875年にオーストリアで生まれ、18歳で電気機器会社に就職、電気技師として人生をスタートさせた。夜間はウィーン工科大学に聴講生として学んだが、正式な高等教育は受けていない。4年後、ウィーンの馬車メーカーだったローナー社が、電気自動車を製作するためポルシェを雇い入れた。このことから当然の成り行きとして最初に製作したのは電気自動車である。最初のモデルはインホイールモーターを備えた4人乗りのEVだった。その後ダイムラー製ガソリンエンジンを発電機として使用するシリーズハイブリッド車も開発した（世界初のハイブリッド車である）。この「ローナー・ポルシェ」は300台あまりが販売された。

規模の小さかったローナー社に限界を感じたポルシェは、当時オーストリア最大の自動車メーカーだったオーストロダイムラー（ダイムラーのオーストリア子会社）に転職する。そこでポルシェの設計したレーシングカーは数々の勝利を収める。自動車だけでなく数々の航空機用エンジンの設計にも携わった。それらの功績により、1916年にはウィーン工科大学から名誉博士号を授与される。当然のことながら、ポルシェは親会社のダイムラーの目にとまることとなり、1923年にドイツのダイムラー本社のテクニカルディレクターに就任することとなった。1926年、ダイムラーはベンツと合併し、ダイムラー・ベンツとなり、そこでポルシェは名車メルセデス・ベンツSSKなどを生みだしさらに名声を上げた。

その後1928年にポルシェはダイムラー・ベンツ経営陣と衝突、職を辞することとなる。小型大衆車を設計したかったポルシェに対し、経営陣は小型車に関心がなかったのが要因である。一旦オーストリアのシュタイア社の主任設計者となるが、1931年に独立し、設計とコンサルティングを行う「フェルディナント・ポルシェ名誉工学博士株式会社」を設立する。今もポルシェの正式社名はこれである。

ポルシェは様々な会社から設計を請け負うことになるが、戦前にポルシェが生み出した車の中で特筆すべきはアウトウニオン（現アウディ）のV型16気筒エンジン搭載のミッドシップレーシングカー、Pヴァーゲンとフォルクスワーゲン（ビートル）である。つまりポルシェ博士は、BMWを除く現在のドイツ主要ブランドすべてにかかわったエンジニアなのだ。

しかしドイツは戦時体制に飲み込まれていく。ポルシェもレーシングカーではなくティーガーP型戦車の設計などに携わることになってしまう。ちなみにこのティーガーP型のエンジンは発電のみで駆動は電気モーターで行うシリーズハイブリッド方式が採用されている。戦後のポルシェ社はフェルディナンドがナチ協力者の容疑で拘束されたこともあり、息子のフェリー・ポルシェに引き継がれる。1946年にはイタリアのチシタリア社からグランプリカーの設計を依頼される。このグランプリカーは、チシタリア社の倒産により実戦に参加することはなかったが、フラット12（180°V型12気筒）エンジンをミッドシップし、4WDで駆動するという画期的な設計だった。

1949年、フェリーが中心となってポルシェの名を初めて冠したスポーツカーである356を開発し、ポルシェは自動車メーカーとしても歩み始める。356はビートルをベースに高性能化したスポーツカーだった。それゆえ必然的に水平対向4気筒エンジンを、リヤにオーバーハングさせて積んだ2＋2のクーペという形式となった。この時点でポルシェというスポーツカーの基本形は決定したといえる。当初はミッドシップも検討されたが、2シーターにならざるを得ないミッドシップより、狭いながらも後席を備えることができるリヤエンジンの方が販売ポテンシャルが大きいと判断された。

356は成功作となったため、356を引き継ぐ911も同じ形式を継承することになる。性能アップのために6気筒化されたが、この大きく重い6気筒エンジンが災いとなって当初911はやっかいな操縦性に悩まされることになる。しかし、これによってポルシェの個性はさらに強まる形となり、乗りこなしにくい操縦性にもかかわらず熱狂的なファンを増やすことになる。

一方、モータースポーツの世界では1953年という非常に早い時点からミッドシップ化を推進、重心の低い水平対向エンジンも相まって非常に高い戦闘力を発揮し、輝かしい歴史を織りなすことになる。550スパイダーから始まるミッドシップ・レーシング・ポルシェは、ポルシェのもうひとつの象徴となっていき、1960年代に活躍した904、906、908や、1970年代に活躍した

917、936、あるいは1980年代に活躍した956、962は代表的なアイコンである。特にル・マン24時間での成果は華々しく、現在に至るまで19回の優勝を記録、2位に大差を付ける最多勝メーカーとなっている。

ポルシェは高性能化を進めるにあたり、空冷エンジンをリヤに搭載する方式に限界を感じ始めており、1970年代に水冷FR化を推進しようとした。その先駆けは1975年に登場した廉価モデル、924である。924はその後944、968と発展し、1995年まで生産された。1977年には大型の928も追加し、両モデル共トランスアクスル方式による優れた操縦性を備え、生産台数的にも成功したモデルと言えるが、ポルシェのコアなファンはリヤエンジンの911に固執し、911の生産を停止できなかった。

結局まったく異なる構造の車種を複数生産する非効率を抱えることになり、財政状況も悪化した。生き延びるためには、コアなファンが支持する911フォーマットを軸に継続する道を選ばざるを得なかった。そこで1990年代に選択された道が、911の水冷化と大幅なコストダウン、そしてその新型911と極力部品を共通化したミッドシップモデルというラインナップである。しかし、これが結果的に結局ポルシェのユニークネスをさらに強化すると同時に顧客層を広げることにつながった。

2002年、2ドアのスポーツカーしか生産してこなかったポルシェが、SUV市場に進出する。カイエンは空前のヒット作となり、ポルシェの生産台数は一気に倍増した。その後、追加されたパナメーラ、マカン、BEVのタイカンによって、現在ポルシェの販売の8割以上が4ドアモデルとなっていて、実態としてはスポーツカー専業メーカーとは言えない状態になっている。

また現在のポルシェは、ＢＥＶ化がもっとも進んでいるブランドのひとつであり、ＢＥＶの占める割合は11・５％（２０２２年）に達している。マカン、７１８、カイエンのＥＶモデルの発売もアナウンスされており、２０２５年にはＢＥＶとＰＨＥＶで50％、２０３０年にはＢＥＶだけで80％にするという目標も掲げている。

ただし、ＢＥＶ化を進めることだけがポルシェの長期ビジョンではない。ポルシェはCO_2と水素から作る合成燃料の開発にも力を入れているのだ。再生可能エネルギーで作った水素で合成燃料を作ることができれば、内燃機関で燃やしてCO_2を排出しても燃料製造時のCO_2吸収と相殺され、実質的にカーボンニュートラルが達成できるからだ。

この合成燃料を大量生産できれば、内燃機関を搭載したクルマを将来も走らせることができる。この燃料の製造のために、ポルシェはチリに合成燃料のパイロット工場をすでに建設している。なぜチリかと言えば、チリ南部は一年中強い風が吹いており、効率的に風力発電ができるからだ。２０２０年代末には年間５億５０００万ℓの生産を計画しているという。年間１０００ℓの燃料を55万台に供給できる規模だ。年間販売台数３万～４万台の９１１を、それなりに走らせることができる量と考えられる。

現在でもポルシェといえば９１１であり、９１１の存在こそがポルシェブランドの圧倒的な強さの源泉である。そして９１１の魅力の根源は、リヤに搭載されたフラット６エンジンなのだ。そう、９１１の魅力を維持していくためには内燃機関を存続させていかなくてはならないのだ。ポルシェは最後まで、内燃機関を搭載した９１１を諦めないであろう。

BMW
「スポーツイメージでの成功を経て」

German
car brands

ＢＭＷは、航空機エンジンを作る会社だったラップ原動機製作所と、航空機の機体を作る会社だったグスタフ・オットー航空機工業が合併して１９１６年に設立された。当初はバイエルン航空機製造会社（ＢＦＷ）という社名だった。第一次世界大戦にドイツが敗れたことにより航空機の製造ができなくなったため、１９２３年にモーターサイクルの製造を始める。そのエンジンは当初から現在に至るＢＭＷモーターサイクルの象徴であるフラットツインだった。現在に通じる円の中に青と白を象ったロゴは、バイエルンの国旗をフィーチャーしたものである。

１９２８年にアイゼナハという自動車会社を買収、自動車の製造にも参入する。しかし当初はオースチン・セブンというイギリスの大衆車のライセンス生産だった。その後、自社設計モデルに移行し、３２８など名車も産んだが生産規模は限定的だった。第二次世界大戦が近づくと、生産は航空機エンジン中心にシフトする。ドイツの名戦闘機、フォッケウルフＦｗ１９０はＢＭＷ製エンジンを搭載していた。

戦後は自動車生産に復帰するが、1950年代末にはダイムラー・ベンツへの吸収合併が検討されたほどの経営危機に陥った。当時のラインナップはスポーティとは言い難い荘厳なデザインの高級車と、モーターサイクルのエンジンを使った超小型車イセッタとその発展型小型車しかなく、高級車の方はさっぱり売れなかった。もしダイムラー・ベンツに吸収されていたらBMWはメルセデス・ベンツの兄弟車になっていたかもしれない。

この状況を打開したのがバッテリーで財をなした（現在のVARTA社）クヴァント家の出資である。その資金で1961年にすべてが新設計の新型車、1500を発売する。ノイエ・クラッセ（ニュークラス）と呼ばれたこのモデルはすべてが新設計で、4輪独立懸架を採用するなど非常に進歩的なモデルとなった。この1500のために開発された4気筒エンジンの素性は素晴らしく、アルピナやシュニッツァーなどによってチューンナップされ、モータースポーツで大活躍することとなる。デザイン面でも、現在のBMW車にも受け継がれているBMWデザインの象徴のひとつ、ホフマイスタ一キンク（リアサイドウィンドウ後端にある造形）は、この1500のデザインで採用されたのがきっかけである。

さらにコンパクトで軽量な2ドア版、1600-2（後に1602と改称）から始まる02シリーズが登場すると、そのスポーツイメージはさらに高まった。アルピナによってチューンされた2002は、当時の2ℓ911Sを凌ぐほどの性能を発揮していた。このエンジンを土台としたレーシングエンジンは1970年代にF2用エンジンの名機となり、そして1982年には1・5ℓターボ化され

Ｆ１に進出、１９８３年にネルソン・ピケがワールドチャンピオンとなった。市販車用エンジンに由来するＦ１エンジンでチャンピオンになった最後の事例である。

このように１９６０年代末以降、ＢＭＷのスポーツイメージは一気に高まり、このイメージをＢＭＷのブランドイメージと定めることとした。１９７０年代以降、戦略的に（人工的に、といっても良いかもしれない）現在に通じるブランドイメージを構築していくことになるのである。

デザインとエンジニアリングにも統一ルールを作り、見ても乗ってもＢＭＷ、という世界観を作り上げていった。ディーラー店舗のデザインも世界で統一、広告コミュニケーションもスポーティ路線で徹底した。これはメルセデス・ベンツと並ぶステータスブランドになるための長期的な戦略だった。メルセデス・ベンツと並ぶブランドとなるためには、メルセデス・ベンツと同じような価値の提供ではいつまでも追いつくことができない。メルセデス・ベンツと対峙するブランドイメージを確立し、メルセデス・ベンツとは明確に異なる価値観の顧客層を獲得することが、何よりも重要という考え方である。

この戦略によりＢＭＷはメルセデス・ベンツとは異なる、若々しくスポーティなイメージを求める顧客層の獲得に成功することとなる。この戦略を牽引したのは１９７０年に社長に就任したエーバーハルト・フォン・クーエンハイムである。クーエンハイムは１９９３年に退任するまでまったくぶれることなく戦略を遂行し、ＢＭＷをメルセデス・ベンツと並ぶプレミアムブランドに育て上げた。

現在、ＢＭＷは年間２２５万台（２０２３年：ＢＭＷブランドのみ）もの販売台数を誇り、プレミアムブランドとして世界ナンバーワンとなっている。ＢＭＷはスポーツイメージに特化しながらも、車型的には受け入れられやすいオーソドックスなセダンをメイン（市場の変化に応じて現在はＳＵＶが主流となっているが）とすることで販売を伸ばすことに成功した。一方、ハード的には直列６気筒エンジンとＦＲレイアウトを特徴とし、重量配分も50対50にこだわるなど運転好きのマニア層を納得させるクルマ作りを長年踏襲してきた。あえて運転好きをターゲットとするニッチな戦略をとることで熱狂的なファンを獲得し、そのコア層をベースに顧客層を広げてきたわけだ。その過程でブランドイメージを壊さずに車種ラインナップを慎重に戦略的に広げてきた。ＢＭＷらしさを究極的に表現するＭモデルも１９７８年発表のＭ１を皮切りに、量産モデルをベースとしたＭモデルを拡大、ＢＭＷのスポーツイメージ向上に貢献している。

しかしプレミアムセグメントナンバーワンになるほど販売台数が伸びると、対象とする顧客層も相当拡大している。シャープで明確なブランドイメージで成功してきたＢＭＷだが、これからはどうしていくのだろうか。スポーティなＦＲモデルに長い間こだわってきたＢＭＷだが、傘下にＭＩＮＩとロールス・ロイスという強力なブランドを獲得したことで、経営という視点では難しい舵取りを強いられることとなった。ＭＩＮＩは前輪駆動の小型車で、後輪駆動のＢＭＷとはまったく作りが異なるし、ロールス・ロイスはＢＭＷの最高峰たる7シリーズをはるかに超える高級車で、共用できる部分が少ないのである。現在ＢＭＷの小型モデルはすべて前輪駆動化しているが、これはＭＩＮＩ用に開発せざるを得ない前輪駆動プラットフォームを採算に乗せるための方策でもあるのだ。

ＢＭＷは電動化にいち早く取り組んできた。欧州メーカーでは非常に早いタイミングと言える２０１１年にＢＭＷ ｉを発表、２０１４年にはＢＥＶのｉ３とＰＨＥＶのｉ８という２つのモデルを発売した。この2モデルは単に電動モデルというだけでなく、アルミとカーボンを使ったシャシーを持つなど、電動モデルに不可避な重量増を極力抑えた先進的な設計だった。運転してもBMWらしいドライビングプレジャーがあったが時代的に時期尚早感があり、生産コストも嵩み、営業的には成功とは言えないまま両モデルとも終焉を迎えた。

そのためか、現在のBMWは電動化に対しては欧州プレミアムブランドの中では若干消極的な姿勢を取っている。フラッグシップモデルのiXこそ、アルミとカーボンを利用した専用シャシーを使っているが、他の電動化モデルはICEモデルと共用のシャシーを使っている。コストを抑えたこの現実的な方法が現状のBEVマーケットに対しては適しているとの判断だろう。実際BMWグループのBEV販売は2022年には前年より倍増し、総販売台数の9%に達している。これはメルセデス・ベンツ（スマート含む）の5・8%、アウディの7・2%を上回る数字だ。本格的なBEV専用シャシーを持った、1500にちなんでノイエ・クラッセと呼ばれる量産BEVモデルは2025年以降の登場と予想されている。

電動化時代にBMWは、BMWらしさを保ち続けることができるだろうか。BMWは2030年に50%をBEV化する目標を掲げている。これは競合他社より控えめな数字にみえる。逆にいうと、2030年でも50%はICE搭載車を作り続けると宣言しているとも言える。BMWは状況が許す限り内燃機関にこだわり続けるのかもしれない。

BMWアルピナ「スポーツイメージでの成功を経て」

German car brands

アルピナは1952年にタイプライターなどを製造する事務機器メーカーとして設立された。創業者の息子で自動車愛好家だったブルカルト・ボーフェンジーペンが、1961年に発売されたBMW1500を購入したのが、アルピナと自動車との関わりの始まりである。SOHC、5ベアリングという当時としては非常に高いポテンシャルを持ったエンジンに注目し、自らキャブレターのチューニングを行った。

これが新たな商売につながると考えた彼は、ウェーバー・キャブレターを使ったチューンナップキットを発売することを思い立つ。1962年に発売されたこのキットは80PSのエンジンが10PSアップの90PSになるものだった。当時のポルシェ356Bの高性能版たるスーパー90と同じ出力である。当初は駐車場でBMW1500を探してはワイパーにキットのチラシを挟み込んだという。

このキットは評判を呼び、その品質の高さから1964年にはBMWの公認チューニングキットとなった。そして１９６５年、アルピナ・ブルカルト・ボーフェンジーペン合資会社を設立、本格的にエンジン本体のチューニングにも手を染め始める。当初の従業員はたった８名だった。

アルピナはキャブレターと独自のクランクシャフト、ヘッドまわりの加工を中心としたチューンを行った。現在もアルピナのエンブレムにはインテークトランペットの付いたキャブレターとクランクシャフトが描かれているが、この設立当初のチューニング手法を描いたものである。

ＢＭＷ１８００ＴＩをチューンしたアルピナＴＩＺはエンジンを１３０PSにチューンするだけでなく、サスペンションやブレーキ、タイヤもボーフェンジーペン好みにチューニングされた。その後１９６８年からモータースポーツに進出し、ＢＭＷ２００２ベースのツーリングカーレースで大活躍する。１９６９年３月にモンツァで開催されたヨーロッパツーリングカー選手権では、ＢＭＷ２００２ベースのマシンで、ポルシェ９１１やアルファロメオＧＴＡ、ＢＭＷのワークスカーを抑えて優勝を飾る。そして翌１９７０年にはＢＭＷ２８００ＣＳをベースとしたマシンで戦うが、ＢＭＷＣＳには車重が重いという欠点があった。ボーフェンジーペンはＢＭＷに、ＣＳをベースにパワフルで軽量化したバージョンの開発を進言する。

アルピナの技術力はＢＭＷからも高く評価されていたため、ＣＳの高性能・軽量化バージョンの開発はアルピナに委託された。そうして誕生したのが１９７１年にＢＭＷのモータースポーツ史上の金字塔となる３・０ＣＳＬである。３・０ＣＳＬはノーマル比２１５kgも軽い１１６５kgという車重を実現していた。３・０ＣＳＬは１９７３年と１９７５〜１９７９年と６度もヨーロッパツーリングカー選手権でチャンピオンマシンとなる。

アルピナもワークスカーを走らせていて、１９７７年にヨーロッパツーリングカー選手権のチャンピオンになるも、１９７８年にＢＭＷベースのコンプリートカーの生産に集中するためモータースポーツから撤退する。そして１９８３年には独立した自動車メーカーとして公式に認められることとなった。

日本でアルピナの名が知れ渡るきっかけとなったのは、１９６９年に『カーグラフィック』（二玄社）に掲載されたポール・フレール氏によるアルピナチューンのＢＭＷ２００２の試乗記だろう。驚くべきことに、この車の加速データは当時2・2ℓに拡大されたばかりのポルシェ９１１Ｓすら上回るものだった。次にアルピナの存在を決定的にしたのが、１９７８年に登場したＢ７ターボであろう。前述したとおりアルピナは１９７８年からコンプリートカーを作り始めるが、最初のモデルがＢ６２・８（Ｅ21）とＢ７ターボ（Ｅ12／Ｅ24）である。

Ｂ７ターボは当時のポルシェ９３０ターボに匹敵する加速性能を持ち、９３０ターボをはるかに凌ぐ柔軟性も備えていた。トップギアでの60㎞／ｈから１２０㎞／ｈの加速データは９３０ターボより３・３秒も速かったという。また優れた快適性と操縦性も併せ持っていた。アルピナは当初はモータースポーツでの実績と直結したレーシングカー並のハイチューンエンジンが売りだったが、この頃から超高性能と上質な乗り味を併せ持つ洗練されたコニサー向けのクルマ作りを指向するようになっていたのである。このＢＭＷをベースにしつつ、スーパーカー並みのパフォーマンスを持ちながら、快適性もまったく犠牲にしないというクルマ作りは現在でも受け継がれており、ベースとなるＢＭＷ車とは明確に異なる味わいをユーザーに提供している。

ブルカルト・ボーフェンジーペンはワイン愛好家でもあり、アルピナは高級ワイン商としての側面もある。ブッフローエのアルピナ敷地内にあるワインセラーには、数十万本に及ぶワインが貯蔵されているという。微妙な味の差にこだわり、一部の好事家のために製品を提供する、という意味では共通のものだろう。

1980年代までのアルピナはBMW完成車を分解し、熟練したメカニックが手作業でチューニングするという、昔ながらのチューナーの手法で製品を作っていた。その作り方が大きく変わるきっかけが、BMW Mモデルの登場である。特にE36型M3やE39型M5は、高性能なだけでなく十分な快適性も備えているにもかかわらず、リーズナブルな価格も実現していた。アルピナは従来の作り方ではMモデルに対抗できるような性能をMモデルと対抗できる価格で作ることが不可能となってしまったのである。アルピナはBMWに協力を求め、作り方を根本的に見直すことにしたのである。

現在のアルピナ車はエンジンも含め、工程の9割ほどがBMWの工場で組み立てられている。エンジンまわりのアルピナ専用部品も、アルピナの仕様に基づいてBMWからサプライヤーに発注され、BMWの工場に納品されている。BMWのパーツで使えるものは極力使う方針で、例えばF30型B3のショックアブソーバーは、BMWのアダプティブMサスペンションのものがそのまま使われているし、ブレーキはMスポーツブレーキとまったく同じものである。

現在アルピナの工場で行われている作業は、最終的な仕上げ工程と最終検査、ラバリナレザー（バイエルン産の高級牛革）への張り替え工程で、これはアメリカの工場で生産されるXモデルベースの車種も同様である。つまり、すべてのアルピナ車はブッフローエのアルピナ工場が最終生産地である。

このように現在のアルピナは製品の開発を重点的に行い、生産はほぼＢＭＷに任せるという体制を取っている。開発に関してはＢＭＷの新型車の発表前からＢＭＷの協力を得ながら進めている。アルピナとＢＭＷの関係はこれほど密接なものであるにもかかわらず、アルピナとＢＭＷの間には資本的な関係はない。ダイムラーに完全に吸収されたＡＭＧとは対照的である。

アルピナの生産台数は現在年間１７００台程度で、万単位で売るＢＭＷ Ｍモデルと比べ圧倒的に少ない。現在の生産体制であれば、増産は容易であると考えられるが、この規模こそが結果としてアルピナの希少性と神話性、そして現在の自動車界における極めてユニークなポジションを保つことにもつながっているのだ。

しかし、２０２２年3月10日、アルピナにとって極めて重要な発表があった。今まで通りのアルピナ車の開発・生産は２０２５年末を持って終了し、２０２６年以降アルピナブランドはＢＭＷに譲渡されることとなったのだ。ブッフローエのブルカルト・ボーフェンジーペン社はクラッシックカー関連ビジネスとエンジニアリングサービス（ＢＭＷ以外の自動車メーカーの可能性も）を行う会社となる。つまり、２０２６年以降アルピナはＢＭＷのブランドのひとつとなり、ブルカルト・ボーフェンジーペン社はアルピナというブランドは掲げない。ＢＭＷが将来アルピナブランドをどのように扱っていくのかはまだわからないが、おそらくはＢＭＷ Ｍとは明確に異なるラグジュアリーで快適指向のブランドとして活用していくのではないだろうか。

時計とクルマの太いつながり

クルマ好きには時計好きも多いといわれている。どちらもメカニカルな魅力があるのと、時に男性からすると数少ない自己表現手段（趣味嗜好、財力など）であることが共通の要素なのだろう。そのためか、自動車ブランドと時計ブランドのコラボレーションは結構多い。私が明確にそれを認知した最初の例は、１９９５年に始まったフェラーリとジラール・ペルゴのコラボレーションである。これは両社の社長同士が友人であったことからスタートしたらしい。

ジラール・ペルゴは老舗メーカーだが知名度は低く、このコラボレーションによってかなり知名度が上がったと言われている。このコラボレーションは10年ほど続き、様々なモデルがリリースされた。フェラーリはその後、様々な時計メーカーとコラボしており、２００６年にパネライ、２０１１年にウブロと続き、最新の事例はリシャール・ミルである。価格帯はジラール・ベルゴやパネライは数十万円レベルだったが、リシャール・ミルとのコラボモデルはなんと2億円オーバー、通常のフェラーリモデルより高価な時計となっている。リシャール・ミルは２０１８年にマクラーレンとのコラボレーションモデルも出している。

パネライはフェラーリ以前にAMGとコラボレーションしていた時期もある。AMGは2004年以降現在に至るまで一貫してIWCとのコラボレーションを続けている。IWCが様々なコラボレーションモデルを作っているだけでなく、AMGもIWCコラボレーションモデルの限定車を出している。

フェラーリの次に有名なコラボレーション事例はベントレーとブライトリングだろう。2002年に始まったこのコラボレーションは、数多くのベントレー仕様のブライトリングを生むと同時に、ベントレーの室内にあるアナログ時計にもブライトリングのロゴが記され、ベンテイガにトゥールビヨンを備えた時計がオプション設定されたこともあった。このコラボレーションは自動車ブランドと時計ブランドとの最も親密な例といって良いだろう。しかし、この20年近く続いたコラボレーションは2021年で終了している。ブライトリングはモーターサイクルメーカーのノートンやトライアンプともコラボレーションしており、近年では1960年代のシボレー・コルベット、フォード・マスタング、フォード・サンダーバード、シェルビー・コブラをイメージしたモデルを発売している。

モーターレーシングとの深い関わりの歴史を持つタグ・ホイヤーも、当然自動車分野とのコラボレーションモデルをたくさん輩出している。もちろん「カレラ」というモデルがある以上、ポルシェとのコラボレーションがあり、最近ではレッドブル・レーシングや、日本限定のチーム・イクザワとのコラボレーションモデルも登場した。ゼニスとランドローバーのコラボレーションも2016年に始まった。最初のモデルは「レンジローバー・エディション」として登場し、2020年には新型ディフェンダーの登場に合わせてディフェンダーをイメージしたモデルも登場している。

クルマと時計のコラボレーションのもっとも大きな事例はスマートだろう。スマートはスウォッチとメルセデス・ベンツの共同でスタートしたプロジェクトである。スウォッチの世界観を自動車で再現するコンセプトだった。発売時にはスウォッチからも記念モデルが発売されている。しかし、このプロジェクトは赤字続きで、結局スウォッチは手を引くことになるのだが。

日本の時計メーカーも自動車ブランドとのコラボレーションには積極的だ。日本の場合、ブランドというより特定車種とのコラボレーションが多い傾向にある。グランドセイコーは日産GT-R、セイコーはホンダ・シビックタイプR、Honda e、NSX、スーパーカブ、モデリスタなどだ。シチズンは日産フェアレディZ、トヨタ86など、カシオは無限、トムス、トヨタ・ランドクルーザー、日産キャラバン、スズキ・ハスラーなどの事例がある。

第2章

フランス車ブランド

French car brands

プジョー「スポーティでユニークなマスブランドに」

French car brands

プジョーは１８１０年創業の様々な金属加工製品を作る会社で、今でも胡椒挽きやコーヒーミルのブランドとしても有名である（今では自動車と別会社だが、同じライオンのマークを冠している）。その金属加工技術を生かして１８８２年に自転車の製造を始めたのが3代目のアルマン・プジョーである。アルマンは１８８９年に自転車の技術を生かした蒸気自動車の製作に取り組むが、失敗に終わる。１８８７年、エデュアール・サラザンがダイムラーからフランスにおけるガソリンエンジンの製造権を獲得した。サラザンはミシンを製造していたパナール・ルヴァッソール社に製造を依頼した。パナール・ルヴァッソールはその後、クルマ作りで名声を得ることになるのだが、当初エンジンの製作で手一杯だった。

そのため１８８９年に金属加工と自転車づくりのノウハウのあるプジョーにエンジンを供給して、車体の製造をさせたのである。１８９０年に1号車が完成するが、これが自転車のツール・ド・フランスの伴走を行い、1200㎞を無故障で走破したのだ。1891年には市販1号車を販売、この年は5台を販売した。このようにプジョーは世界初の自動車を〝量産〟する会社となった。

1894年、世界初のモータースポーツイベントといわれるパリ・ルーアン・トライアルが開催されるが、出場車20台中ガソリン車が14台、そのうちなんと7台がプジョーだった。優勝はプジョーとパナール・ルヴァッソールの2台で分かち合うという結果だった。1896年にはダイムラーのエンジンを使うのをやめ、独自開発したエンジンを使うようになり、順調に生産台数を伸ばし、1899年に年産300台に達した。

自動車の生産が本格化してきた1897年、アルマンは自動車部門を独立させて別会社とする。自動車会社としてのプジョーの誕生である。20世紀に入るとプジョーは単気筒から4気筒までのあらゆるサイズのエンジンと大小様々な車種を作るようになった。生産台数は1905年には1261台という当時としてはかなりの規模に達した。

一方、自動車生産が抜け、アルマンが去った元のプジョーはアルマンの兄弟が経営し、自転車を主に作っていたが、モーターサイクルも作るようになり、1906年には自動車も作るようになった。こちらはリオン・プジョーと呼ばれた。つまり自動車を作るプジョー社が2社存在することになったのだ。1910年、結局2社は合併することになる。1913年、プジョーの最初の大ヒット作、超小型車べべが誕生する。このべべを設計したのはなんとエットーレ・ブガッティだった。ブガッティは自らの工場を既に持っていたが、まだ規模は小さく、大量生産に向いた安価な小型車を設計し、それをプジョーに売り込んだのである。べべは1913年から第一次大戦前の1916年までの間に

3095台も生産された。第一次世界大戦の軍需により、プジョーの工場はさらに拡大する。べベの後継で構造が極端にシンプルで安価な「クアドリレット」もヒットし、1923年には年産1万台を超え、1929年には3万台をオーバーした。

1929年、現在のプジョーにつながる新型車201が登場する。このモデル以降、プジョーのモデルは二桁目に0を挟んだ3桁の数字によるモデルネームを持つようになった。この201から、プジョーは少数車種を大量生産する方式をとるようになるが、オーソドックスで単純な設計は踏襲した。1932年には201よりやや大きい301が登場、1934年にはさらに大きい401が登場し、百の位でボディサイズを示すネーミング体系が作られた。さらに1935年には401の後継車402が発表され、一の位が世代を示すこととなった。

402はそれまでのプジョーとは打って変わって先進的な流線型ボディを纏っており、ヘッドライトがグリルの中に内蔵されるというユニークな特徴を持っていた。そしてそのデザインは302、202にも踏襲され、ひと目でプジョーとわかるデザインとなった。このあたりの思い切ったデザイン展開は、近年のi-Cockpitに通じるものがある。

戦後のプジョーは202の再生産からスタート、1948年にモノコックボディの203にモデルチェンジしたが、しばらくは1車種のみの構成だった。1955年に403が登場して2車種となるが、プジョーは1960年代まで2車種ないし3車種しか持たないメーカーだったのだ。この少ないラインナップを大量生産することで、シェアを維持していたのである。

1960年に登場した404は、ピニンファリーナのデザインを採用、その後のプジョーはピニンファリーナデザインとなっていく。ただし、その方向性は流麗だが堅実なもので、派手さやスポーティさはあまり感じられないものだった。このイメージを一新することになるのが、１９８３年に登場した２０５である。２０５もピニンファリーナデザインであるが、フェラーリを主にデザインしていたレオナルド・フィオラバンティがデザインしたといわれている（ピニンファリーナはデザイナー個人名を発表していない）。２０５はそれまでのプジョーのイメージを一新するスポーティかつスタイリッシュなモデルで、高性能版のＧＴＩは数あるホットハッチの中でも快活さでは抜きんでた存在だった。

プジョーは２０５のスポーツイメージを高めるべくＷＲＣにも参戦する。ラリー専用に仕立てた２０５ターボ16はグループＢ時代を象徴する１台としても大活躍し、２０５自体に留まらずプジョー全体のスポーツイメージを高めた、というより一気に築き上げたのである。１９９０年代になると活躍の場をラリーからレースに移し、１９９２年と１９９３年のル・マン24時間を制覇し、１９９４年にはＦ１にも進出した（Ｆ１では14回表彰台を獲得したものの優勝は一度もできなかった）。

日本では１９８０年代初頭までプジョーは極めて少数しか輸入されていないマイナーな存在であり、欧州志向の自動車マニアにしか知られていなかったが、この２０５で一気に販売が増加、認知も広まった。全国のスズキディーラーで販売された影響も大きかっただろう。しかも販売の主体はＧＴＩであったこととＷＲＣでの活躍もあったため、日本でのプジョーは非常にスポーティなイメージの高いブランドとして認識されることとなった。現在も日本におけるプジョーのイメージはこの１９８０〜90年代に形成されたイメージがベースになっていると思われる。２０５以降、現在に至るまで、世界的にもプジョーのブランドイメージは、この205で形成されたものをベースとしていると考えられ、プジョー自体もそのようにブランドイメージをコントロールしているようだ。

ところで、プジョーの車種のネーミングであるが、百の位（SUV系は千の位）が大きさを示すことには変わりがないが、一の位の意味は変更になっている。8が欧州市場向け（日本仕様も）で1が新興市場向けモデルとなっている。

企業としてのプジョーは1974年にシトロエンを合併し、PSAを形成。1979年にはクライスラー・フランスも買収し、ルノーを抜いてフランス最大の自動車メーカーとなった。さらに2019年にはフィアット・クライスラー・オートモビルス（FCA）と合併し、ステランティスという巨大なグループとなった。2021年にはGMのヨーロッパ部門（ブランドはオペルとボクスホール）も吸収し、膨大な数の自動車ブランドを抱える企業となっている。

従って現在のプジョーは、ステランティスの1ブランドに過ぎない。現状の方向性としてはマスブランドの中では、ユニークかつスポーティな方向に持っていこうとしているようだ。全車種に展開しているプジョー独特のi-Cockpitと小径ステアリングで製品上のプジョーのユニークネスを演出し、2022年には11年ぶりにWEC（世界耐久選手権）に参戦、ここでもウイングレスという他のマシンにはないコンセプトに挑戦している。欧州ブランドのBEV化が進む中、特にマスブランドのブランドイメージ差別化は難しくなっていくだろう。ユニークさを追求するプジョーのブランド戦略には注目していきたい。

シトロエン
「2CVとDSをベースに形成されたイメージ」

French car brands

シトロエンのことをもっともフランス車らしいブランドだと思っている人は多いと思うが、シトロエンの生みの親アンドレ・シトロエンは生粋のフランス人ではなく、父親はオランダ人、母親はポーランド人だった。１９００年、大学を卒業したのち母親の母国ポーランドを訪ねた際に、アンドレはある特殊な歯車を目にした。V字型に歯が切られた歯車である。この歯車の伝達効率の良さに目をつけたアンドレはこの歯車の特許を買い取り、生産する工場を立ち上げる。この歯車の形こそが、現在に通じるシトロエンのロゴマーク、ダブルシェブロンの由来だ。

この歯車生産工場は大成功を収め、アンドレは実業家としての才能を見せた。そこで１９０８年、アンドレの親戚が経営に関わるも経営不振に陥っていた、モール自動車会社の建て直しを依頼されることになる。ここでもアンドレは経営手腕を発揮し、年間１００台程度だった生産台数を１２００台に引き上げることに成功した（モールは１９２５年にシトロエンに買収され、シトロエン車の生産工場となる)。

1914年、フランスは第一次世界大戦に巻き込まれることとなるが、ここでアンドレは大博打を打つ。軍に対し、工場設立資金を出してくれれば砲弾を1日5万発作れると大風呂敷を広げたのである。そうしてアンドレは巨大な砲弾工場を手に入れることに成功し、フォードの生産方式に倣った効率的な生産工程で宣言通り1日5万発の量産を実現する。この工場の所在地こそがその後長年にわたってシトロエンの聖地となる、ジャベル河岸である。

戦争が終わると砲弾の需要は無くなったため、この砲弾工場を活用して、すでに経験のある自動車生産を行うことを思いつく。砲弾製造で培った合理的なマスプロダクションシステムを利用して安価な自動車を大量生産しようという狙いである。このため初期のシトロエン車は極めて構造が簡便で、大量生産しやすい設計となっていた。シトロエンは車両開発に当たっても合理的な方法を採用した。ひとりの設計者がすべて設計するのではなく、部分ごとに設計を分担し、並行して開発する方式をとった。このような方式をとったため、終戦の翌年には自動車の生産を開始することができたのだ。この最初のシトロエンがタイプAで、価格はライバル車の半値以下、生産を始めた翌年の1920年には2万台以上という当時としては圧倒的な生産台数を達成、ヨーロッパ初のマスプロダクションメーカーとなったのである。

1922年には、さらに小さく簡便なモデル、タイプCが登場する。タイプCの初期モデルはすべてレモンイエローに塗られていた。シトロエンとシトロン（フランス語でレモン）をかけた、プロモーションも兼ねたものだった。タイプCは翌年にC3と呼ばれるようになり、タイプAの後継車はタイプBだったが、タイプB後継車はC4となり、より大型のモデルはC6と名付けられ、Cから始まるネーミング体系となった。このCから始まるネーミングは1930年代初頭にいったん終わるが、近年復活をとげている。

1934年、それまでの保守的なクルマ作りから一変する画期的なモデルが登場する。モノコックボディに前輪駆動を組み合わせたトラクシオン・アヴァンである。このモデルは、当時としては珍しいラック&ピニオンステアリングも採用していた。保守的で低コストなクルマ作りを旨としていたシトロエンだが、競合が激しくなり、何か他社にはない明確な特徴を製品に持たせようと考えたらしい。1931年にシトロエンに加わった、戦後2CVやDSといった画期的なモデルを生み出すことになるイタリア人デザイナー、フラミニオ・ベルトーニの影響も大きかったかもしれない。トラクシオン・アヴァンのデザインもベルトーニの作である。

このモデルは自動車史上にも残る名車となるが、この開発と製造のための新工場建設によりシトロエンは経営難となってしまい、アンドレは会社を追われ、シトロエンはミシュラン傘下となってしまった。そしてアンドレは会社を失った翌年、1935年に癌でこの世を去ることになる。シトロエンの経営を引き継いだのは、ミシュラン創業者の子のピエール・ミシュランだったが、1937年にトラクシオン・アヴァン運転中の事故で亡くなり、副社長だったピエール・ブーランジェが会社を引き継ぐ。

戦後のシトロエンは戦前から開発がスタートしていた超軽便車、2CVの誕生からスタートする。1948年に発売された2CVは戦後の疲弊したフランスに非常にマッチしたモデルであった。開発に当たって、ブーランジェが「4人と50㎏のジャガイモを積んで60㎞／hで走れること。3ℓの燃料で100㎞走れること。カゴいっぱいの卵を荒れ地でひとつも割らずに走れること。シルクハットを被ったまま乗れること。見た目はどうでも良い」と指示したのは有名な話である。

そのわずか7年後、終戦から10年しか経っていないタイミングでトラクシオン・アヴァンの後継車として登場したのがDSである。DSはサスペンション、ステアリング、ギアシフトをすべて油圧でコントロールする画期的なクルマで、そのスタイリングもその技術に勝るとも劣らないアバンギャルドなものだった。現在のシトロエンのイメージは、この2CVとDSをベースに形成されていると言って良いだろう。技術的にもデザイン的にもまったく異なるこの2モデルだが、デザインしたのはどちらもフラミニオ・ベルトーニである。もっともフランス的なブランドと思われているシトロエンの二人のキーマンが、どちらも生粋のフランス人ではないというのは興味深い事実なのである。

しかし、このあまりにかけ離れた2車種をメインとする製品構成では効率的な経営はできず、1968年にミシュランは、49％の株をフィアットに売り渡す。しかし1970年代初頭には経営危機となり、フィアットは手を引き、ミシュランも自動車製造業からは手を引く判断となり、1974年にプジョーが38・2％の株を取得した。1976年にプジョーは株所有比率を89・95％にまで引き上げて、シトロエンは完全にプジョーに吸収されることになった。

プジョーと共にPSAの1ブランドになってからのシトロエンは、その個性を徐々に失っていき、ほぼすべてのモデルが事実上プジョーの兄弟車となっていった。2015年にはシトロエンの象徴とも言うべきハイドロニューマチック・サスペンションも姿を消した。それ以降は事実上デザインによる差別化でしかなくなり、シトロエンブランドの存在意義が揺らいでいた。

しかし2019年発売のC5エアクロスに、複雑なメカニズムを使わずにハイドロニューマチック・サスペンションの乗り味の再現を狙ったプログレッシブ・ハイドローリック・クッションを採用する。ハイドロニューマチック・サスペンションは複雑でコストが嵩み、トラブルの可能性も低くなかったゆえに姿を消したわけだが、プログレッシブ・ハイドローリック・クッションはダンパーの中にバンプストップラバーの代わりとなるもうひとつダンパーを組み込み、直接的な衝撃を吸収することでハイドロニューマチック・サスペンションに通じる「ふわっ」とした乗り心地を実現しているのだ。またシートもこの乗り心地を強調するようなふわっとした座り心地のものとしている。その後デビューした新型車にも、このプログレッシブ・ハイドローリック・クッション採用している。

これは他ブランド車にはないシトロエンの際だった個性となっていて、万人に受けるわけではないが好きな人には堪らない乗り味となっている。このサスペンションを得たことで伝統的なシトロエンの個性が復活したと言って良いだろう。今後BEVが主流となる時代になっても、この個性は維持され、シトロエンの存在意義は保たれていくのではないだろうか。

ルノー「フランス本国とは大きく異なる日本での立ち位置」

ルノーは自動車づくりに強烈なパッションを持ったひとりの青年、ルイ・ルノーによって創設された。ルイは子供の頃から無類の機械好きで、14歳の頃にはパナールのエンジンをいじり回していたという。ルイは小さな小屋で日々車の改良に取り組み、シャフトによって駆動力を伝達するシャフトドライブ方式を発明する。それまでの自動車は革ベルトかチェーンによって駆動力を車輪に伝えていたのだ。これは現在のＦＲ車にも受け継がれている方式だ。またトップギアが直結となる、効率の良いギヤボックスも発明した。１８９８年、21歳の時に自らのクルマを製作し、クリスマスパーティの時に知人達の前で走って見せたところ、欲しいという人が次々に現れ、なんと一気に12台もの注文が舞い込んだのである。ルイは自動車会社を作るつもりは無かったにもかかわらず、自動車を作って売ることになった。これが自動車メーカー、ルノーの始まりである。１８９９年には二人の兄マルセル、フェルナンと共に「ルノー・フレール（兄弟）社」を設立、ルノーは最初の半年で60台を生産するこ

とになる。

ルイは自らの技術力を試すべくモータースポーツにも最初から積極的に参加、自らドライブし1899年のパリ－トルヴィル間のレースで優勝する。さらに1902年のパリ～ウィーンレースで圧倒的な勝利を得て、名声はヨーロッパ中に広がることとなった。しかし1903年のレースでドライバーとして参加していた兄マルセルが事故死し、1908年にはもうひとりの兄フェルナンも体調を崩して経営から手を引いたため、社名をルイ・ルノー社と改めた。

当初エンジンはド・ディオンから供給を受けていたのだが、1903年ド・ディオンからエンジン開発者を引き抜き、エンジンの自社製造をはじめる。1905年にはタクシー会社から1500台もの大量受注も受けた。1906年にル・マンで行われた世界初のグランプリレースで優勝するなど、モータースポーツでの活躍もあって、ルノーの販売台数は順調に伸びていく。1913年には年産1万台を突破し大小フルラインナップを擁したフランスナンバーワンの自動車会社に成長する。

しかし、ルイのワンマン企業となったルノーは、ルイの成功体験に基づく技術的固執から製品が旧態化していき、徐々に競争力は低下していった。またルイは1910年あたりからモータースポーツにも関心を失ってしまい、その面でも技術的進歩が失われてしまった。一方で第一次世界大戦で競合社の技術は大きく進化し、商品力は大きく向上していた。その結果、生産台数は1930年代にはシトロエン、プジョーに抜かれ3位となってしまったのである。

ルイにとって最大の悲劇は第二次世界大戦の勃発で、工場を守ろうとしたルイはフランスを占領したナチスに協力してしまう。戦車の製造こそ拒否したものの、ルノーはドイツ向けのトラックの生産を請け負うことになる。連合軍はルノー工場を爆撃、ルノーは結果的に工場を破壊されてしまったのである。１９４４年、パリが連合軍によって解放されると、ルイはナチス協力者として投獄された。そして急激に体調を崩し、投獄の1ヶ月後に獄死という非業の死を遂げることとなる。

このような経緯から主を失ったルノーは国有化されることとなり、ルノー公団となる。戦後のルノーを率いたのはボイラー会社や砲弾製造会社を経営していたピエール・ルフォショーである。ルフォショーはクルマに対する関心は低かったが、戦時中から秘密裏に開発が進んでいた安価な小型車４ＣＶの量産化を決断、１９４６年に発表、翌年に発売する。

４ＣＶはルイが開発したシャフトドライブ方式のＦＲではなく、フォルクスワーゲンと同じリヤエンジン・リヤドライブを採用し、ルノーとしては画期的な設計のモデルだった。４ＣＶは大成功し、フランスにおけるベストセラーカーとなる。４ＣＶは走行性能に優れたモデルで、モータースポーツでも大活躍をする。アルピーヌの最初のモデル、Ａ１０６もベース車は４ＣＶだった。小型・ローコストで４ドアの４ＣＶは戦後の日本にも適していると判断され、日野が１９５３年から１９６３年までライセンス生産を行い、3.5万台ほど生産された。

４ＣＶの後継車ドーフィン、さらにその後のルノー8もリヤエンジンレイアウトが継承された。どちらもモータースポーツで活躍を続け、ドーフィンにはゴルディーニチューンのエンジンを搭載し、4輪ディスクブレーキを装備したドーフィン・ゴルディーニもラインナップされ、大衆車をベースとしたスポーツモデルの嚆矢となった。ゴルディーニチューンのモデルはルノー8においても継承され、ラリーで大活躍することになる。このように戦後のルノーは量産車メーカーでありながらモータースポーツ色も色濃く備えたブランドになっていった。量産メーカーの中ではホンダと並ぶような「熱い」ブランドと言えるだろう。１９７０年代にはＦ１やル・マン24時間にも参戦、Ｆ１は現在に至るまでほぼ常に参戦を続けており、ルノーエンジンは通算１６９勝（２０２３年末現在）とフェラーリ、メルセデス、フォードに次ぐ勝利数を誇っている。

１９６１年発売のルノー4はルノー8と真逆の縦置きＦＦ方式を採用、以後の主力車種はＦＦメインとなっていくが、スポーツモデルの用意は怠りなく、ルノー5アルピーヌやクリオ・ウィリアムズなどを経て、R.S.（ルノースポール）モデルへと進化している。

しかしあくまで大衆車ブランドであるルノーにとって、モータースポーツ活動はR.S.モデルなどのマニアックなモデル以外は販促に直結しなかった。そこで２０１３年にアルピーヌブランドを復活させ、モータースポーツ活動はアルピーヌに徐々にシフトさせ、ルノーはエンジンサプライヤーとしての立ち位置のみとしている。その意味で、今後のルノーのブランドイメージは非常に希薄なものにならざるを得えず、ブランド再構築が必要な状況になっているといえるだろう。

ヨーロッパではＢＥＶ化の波が起こっており、当然ルノーもそれに対応している。但し、ＢＥＶのみを進めるのではなく、欧州自動車メーカーで唯一のストロングハイブリッドであるE-ＴＥＣＨハイブリッドをＦ１パワートレイン技術を応用しつつ製品化に成功している。ＢＥＶ化が想定通りのペースでは進まないということが見えてきている現在、欧州メーカーの中ではＢＥＶ以外の解決策を持っているという意味で有利な立場を築けるかもしれない。ルノー5といった、かつてのルノーのアイコンを再利用するなど、ルノーブランドの再構築戦略も見え隠れし、今後の展開に注目である。

一方、日本でのルノーを考える時、そのブランドイメージは欧州とは大きく異なると言わざるを得ない。なにしろ今までルノーの販売を牽引してきたのがカングーなのだから。しかしカングーは本国ではあくまで商用車としての利用が主体であり、特別にユニークなイメージがあるわけではない。日本でカングーは、日本車やドイツ車にはない世界観を持つ独特のライフスタイル商品と捉えられており、毎年カングー・ジャンボリーというイベントも開催され、フランス本国での位置づけとは大きく異なる。2021年、カングーはヨーロッパ的には正しいモデルチェンジを行ったが、新型は日本人の目からはその個性を大きく失ったように思える。新型カングーの販売は苦戦しているようだが、E-TECHハイブリッド搭載車が好調で2022年は過去最高の販売となった。今後は日本でのルノーイメージも修正され、欧州のそれに近づいていくと考えられる。

アルピーヌ
「今後BEVを主力としたブランドにした理由」

French car brands

アルピーヌのストーリーは、フランス北部ノルマンディーのディエップという人口3万人足らずの小さな港町でルノーのディーラーを営んでいた、ジャン・レデレというひとりの男から始まる。レデレはルノー4CVでラリーを始め、いきなり好成績をあげた。1952年には4CVでル・マン24時間レースにも参戦している。レデレは4CVに満足せず、より高性能を求めて4CVをベースに樹脂製クーペボディの超軽量スポーツカーを作り上げた。ボディだけでなく、標準の3速ギヤボックスを5速にするなど、改造は多岐に及んでいた。1954年、このクルマでクリテリウム・デ・ザルプ（アルペン・ラリー）のクラス優勝を遂げる。ここで勝利したことから、1954年にアルプスを意味する「アルピーヌ」というブランド名を使うようになった。1955年にはミッレ・ミリアで750ccクラスのクラス優勝を成し遂げる。

1956年、市販モデル第1号のA106が登場する。当初A106は前年のミッレ・ミリアでのクラス優勝をアピールするためアルピーヌ・ミッレ・ミリアA106と呼ばれた。なぜ1号車なのにA106なのかというと、ベースのルノー4CVのモデルコードがR1060だったからである。しかし1959年登場のA108のベース車はルノー・ドーフィンでモデルコードはR1090、1963年に登場したA110のベース車ルノー8のモデルコードはR1130であり、A108以降はベース車とネーミングの関係は一致していない。

A106はバックボーンフレームに4CVそのままの縦置きリヤエンジン、プラスチック製ボディという構成であったが、このフォーマットは基本的にその後アルピーヌA610に至るまで一貫して採用され、アルピーヌの技術的な特徴となっている。

アルピーヌというとラリーを連想するクルマ好きが多いが、アルピーヌは当初スポーツカーレースに力を入れていた。1964、1966、1967年にル・マン24時間でクラス優勝を納め、アルピーヌの名声は一気に高まった。アルピーヌはその市販車同様1100ccや1300ccといった小排気量車で参戦していた。しかし当時のフランス大統領、ド・ゴールは国威発揚のためにフランス車でル・マン優勝を遂げることを狙い（当時1950年以降フランス車の総合優勝はなかった）、アルピーヌに総合優勝を成し遂げるべく資金援助を行う。大統領の意向を受けたアルピーヌは1968年からのプロトタイプカーを3ℓに制限する新レギュレーションに合わせて3ℓV8エンジン搭載のマシンを作成する。しかしゴルディーニが開発した、ルノーの直列4気筒を二つ組み合わせて作られたV8エンジンはパワー不足な上に信頼性が低く、フェラーリやポルシェと互角には戦えなかった。つまり完全に失敗に終わったのである。この結果、アルピーヌは1970年にレースから撤退し、活動の場をラリーに転換する。

A110といえばラリーというイメージはあるが、1963年にデビューしたにもかかわらず1960年代の主要ラリーではA110はさほど目立った戦績は残していない。当時はルノー系で言えばルノー8ゴルディーニの方がラリーでは活躍していた。しかし、このラリーへの大転換は成功する。ワークス活動となり、強力なルノー16ベースのエンジンを搭載したA110の戦闘力は大きく向上し、1971年にモンテカルロラリーでA110が初優勝する。1973年は世界の主要ラリーを統合し、初の世界選手権（WRC）となった年だが、A110は初代チャンピオンに輝いた。

しかしながら、石油ショックの影響もあって販売は低迷し、その栄光の1973年にアルピーヌはルノーに買収されることとなり、アルピーヌ・ルノーとなった。この時代、2シータースポーツカーの需要は減少しており、2＋2のポルシェ911だけがある程度まとまった数を売っていた（ポルシェ自身も1975年に2シーターの914を2＋2の924に移行させている）。そのため1971年に登場した新型のA310は2＋2レイアウトを採用し、スタイリングも直線的でモダンで、それまでのアルピーヌとはまったく異なる雰囲気のものとなった。大きく重くなったにもかかわらず、エンジンは基本的にA110と同じものだったため、性能は低下してしまいスポーツカーとしても魅力は大きく損なわれることとなった。

ルノーも資金に余裕はなく、1977年にA110を廃止し、A310のみとし、エンジンもポルシェ911に対抗できるようにプジョー／ルノー／ボルボが共同開発した2・7ℓV6に一本化した。その後も仮想敵を911としていたため、大型化・高性能化路線を取ることとなった。モータースポーツでもポルシェに対抗してル・マンに復活し、1978年に総合優勝を遂げるものの、市販車の販売ではポルシェの敵にはなり得ず少数に留まった。結局1995年にA610を最後としてアルピーヌの名はいったん消滅することになる。しかしディエップの工場は残り、ルノースポール各モデルの生産が行われた。

それから12年後の2007年、ルノーはアルピーヌの復活を発表する。復活といっても市販車ではなくモータースポーツへの復帰である。アルピーヌはヨーロッパ以外での知名度が低く、ヨーロッパでもマニア層以外では存在感が高いとは言えない状態だったので、市販に移る前にブランディング活動から開始したのである。アルピーヌ復活にあたり最初に取り組んだのが、アルピーヌの名にふさわしいスポーツカーレースである。2012年、ブランド復活とレースへの復帰を示唆するプロトタイプA110-50を発表し、翌年からLMP2クラスにA450で参戦を開始した。2017年と2019年にはル・マン24時間でクラス優勝を遂げ、アルピーヌにふさわしい戦績を達成している。

そして22年の空白期間ののち2017年、アルピーヌは市販車としても復活を遂げる。モチーフとして選ばれたのはA110で、スタイリングだけでなく車名も踏襲して新生A110が発売された。ミッドエンジン、アルミモノコックという構成は従前のアルピーヌとは異なるが、ルノーのパワートレインをそのまま踏襲しているという意味ではアルピーヌの伝統に則っていると考えることもできる。シャシー構成こそ異なるものの、1970年代前半までのアルピーヌ本来の強みである軽量で俊敏なクルマ作りに回帰し、サーキットよりもワインディングロードに焦点を当て、「アルピーヌ」という名にふさわしいモデルとなっている。

２０２１年、それまでルノーとして参戦していたＦ１チームの名称をアルピーヌＦ１チームとし、アルピーヌの存在感を世界的に広める方向を打ち出した。つまりアルピーヌをルノーのプレミアム・スポーツブランドとしてルノーから独立させ、ラインナップも拡充しようということだ。ルノーにとって、プレミアムブランドが欲しい背景にはＢＥＶ化がある。欧州ブランドにとってＢＥＶ化は必須なのだが、問題はＢＥＶでは航続距離を伸ばそうとすると大きく高価になることだ。小型で安価なＢＥＶではセカンドカー的な需要しか満足させられない。つまりＢＥＶを売るためには高価格を納得してもらえるプレミアムブランドが必要ということだ。

ルノーブランドで買ってもらえる価格には限界があると判断したのだ。つまり、アルピーヌはルノーのＢＥＶ戦略にとって極めて重要であり、アルピーヌは今後ＢＥＶを主力としたブランドになっていくということを宿命づけられている。その下地づくりとしてのＦ１参戦なのである。Ｆ１に留まらず、アルピーヌはＷＥＣつまりル・マン24時間にも２０２４年からハイパーカー（ＬＭＤｈカテゴリー）で参戦する。これもＢＥＶ化に向けたブランド強化策のひとつである。

ブランドが強化されても商品がなければ意味がない。現状、アルピーヌには市販車はＡ１１０しかないが、今後スポーツカーに留まらずＳＵＶやルノーブランド車の高性能モデルとして、多くのアルピーヌモデルが登場することになるだろう。その先駆けがルノー５の高性能版であるＡ２９０となるようだ。

ブガッティ
「その存在意義は絶対的高性能のみにあらず」

French car brands

ブガッティの創設者、エットーレ・ブガッティは1881年にミラノに生まれたイタリア人で、父親は家具や宝飾品のデザイナー、祖父は建築家・彫刻家、弟は彫刻家という芸術家一家だった。エットーレは早くから自動車に関心を持ち、なんと17歳（1898年）の時にイタリアの自転車会社で、自転車をベースにド・ディオン・ブートンのエンジンを搭載した3輪自動車を製作する（これが後にブガッティ・タイプ1と呼ばれる）。

1900年には4気筒エンジンを搭載した4輪自動車（タイプ2）を開発、ミラノ博覧会でフランス自動車クラブから賞を受け取る。それをきっかけにドイツのディートリッヒ社で車両設計を行い、タイプ3からタイプ7が誕生した。その後、ドイツ社に移り、タイプ8／9を設計。そして1909年、当時ドイツ領だったモールスハイムで、自らの名を冠した自動車会社を設立する。ブガッティといえばフランス車というイメージだが、設立当初はイタリア人が作ったドイツの会社だったわけだ。

モールスハイムは第一次大戦の結果1919年にフランス領となる。ブガッティ社の最初のモデルはタイプ13だが、ブガッティが設計した13番目の車であることから、その名になっている。独立後も他社の設計を請け負っており、有名なモデルとしてプジョーのべべがある（ブガッティ的にはタイプ19となる）。

エットーレは数々の名車を産むことになるのだが、今日に至るブガッティの名声の礎となっているモデルは3つあると考えられる。1台目は1924年登場のレーシングカーのタイプ35で、1929年から始まったモナコグランプリで3連勝を達成している。特に1930年のレースは圧巻で、メルセデス・ベンツ、マセラティ、アルファロメオなどの強豪をよそに、1～6位を独占している。フランスグランプリにおいても1928～1931年と4年連続で優勝している。

2台目は1926年に登場した超高級車、タイプ41ロワイヤルである。ロワイヤルは12・8ℓ直列8気筒という巨大なエンジンを搭載した超ド級の大型高級車で、あまりに大きく高価だったため7台しか作られなかった。しかし、その超越した存在感で歴史に名を残す車となった。ロワイヤルの中でももっとも有名な「クーペ・ナポレオン」で使われたサイドに円弧を描くツートーンの塗り分けは、その後のブガッティ車に多く使われ、ブガッティのロードカーのカラーリングの象徴となった（現代のヴェイロンやシロンにも使われている）。

3台目は1934年に登場し、1940年まで710台が生産された、高性能GTとも言うべきタイプ57である。タイプ57は3・3ℓ直列8気筒DOHCエンジンを搭載、最終型のSCではスーパーチャージャーを搭載して、もっとも有名な「クーペ・アトランティーク」では200PS、最高速は

２００km／hを超えたという。

このようにひと口にブガッティといっても、その代表的車種のキャラクターは大きく異なり、それ以外の車種バリエーションも多岐にわたっている。この時代、高級・高性能車メーカーは数多くあったが、その中でなぜブガッティが超越した存在と扱われるようになったのか。もちろん、その性能とモータースポーツにおける実績がベースにあるわけだが、最大の理由は創始者エットーレ・ブガッティと息子のジャンに共通する美意識に基づいたクルマ作りに対する姿勢であろう。冒頭に記したとおりブガッティ家はもともと芸術家一家で、エットーレもエンジニアというよりは芸術家に近い意識で車作りに取り組んでいた。

ブガッティが作るクルマは、レーシングカーであってもボディだけでなく、エンジンやサスペンションなどの機能部品にまで美しさを追求したデザインが行き届いていた。例えば、ワイヤーホイールがほとんどだった時代にブレーキドラムを一体化させた美しいデザインのアルミホイールを採用したり、インストゥルメントパネルやバルクヘッドには時計のペルラージュ装飾のような美しい処理が施されるなどしている。その美意識は息子のジャンにも引き継がれ、ブガッティの美しさはさらに磨きがかかっていった。つまりブガッティが戦前のクルマの最高峰と言われる所以は、単に高性能と言うだけでなく、芸術品といっても過言ではない美しさをもっているからなのである。

しかし１９３９年、ブガッティに最大の不幸が訪れる。労使問題を抱え、経営が傾きつつある中、息子のジャンがタイプ57ベースのレーシングカーをテスト中、事故で亡くなってしまうのだ。その直後に第二次世界大戦が始まり、ブガッティも航空機用部品の生産が主となる。フランスはドイツに占領され、ブガッティの工場もドイツに接収される。戦後工場は返還されるが、1947年にエットーレがこの世を去る。後継者を失っていたブガッティは1956年に自動車の生産を停止、航空機用部品だけを製造する会社となる。

1963年、ブガッティはイスパノスイザに買収される。イスパノスイザは別の会社に買収されるが、現在もメッサー・ブガッティという社名で航空機用ブレーキ関連部品を製造している。その後、自動車としてのブガッティは長い空白期間となるが、1987年にイタリアのアルティオーリが自動車のブガッティブランドを買い取り、再建に挑んだ。工場が作られたのはモールスハイムではなくイタリアのモデナである。そうして生み出されたのが1991年に発表されたEB110である。EB110は3・5ℓ4ターボV12に4輪駆動、カーボンファイバー製シャシーという意欲作だった。しかし、ブガッティらしい美しさを持っていたとは言い難く、極めて高価だったことと、ちょうど不景気が重なり、売れ行きは芳しくなかった。結局4年間に139台が生産されるに留まり、1995年に倒産の憂き目に遭う。

1998年、当時グループのトップだったフェルディナンド・ピエヒの意思によりフォルクスワーゲンがブガッティブランドを買収する。本社所在地も由緒正しくモールスハイムに移された。最初のプロトタイプはタイプ57の流れを汲んだような2ドアクーペのEB118だったが、市販化されなかった。ピエヒの意思はとにかく世界最高峰のブランドにふさわしい、世界最高性能を誇る車を作ることにあったようだ。こうして生まれたのが2005年発表のヴェイロンで、1001PS、最高速407㎞/hという空前のハイパーカーが実現した。そのあとを次ぐシロンもその路線をさらに追求するもので、最高出力は1500PSに達した。

ヴェイロン、シロンは徹底的な高性能、特に最高速度にこだわって作られている。確かに戦前のブガッティを象徴するモデルとして最高速200㎞/hを誇っていたタイプ57SCアトランティークがあり、そういうモデルがあっても良いが、しかしブガッティの歴史的存在意義は、その絶対的高性能のみにあるわけではないだろう。ヴェイロンもシロンも最高速追求のために美しさより機能を優先しているように見える。

これからのブガッティはどうあるべきだろうか。最高出力・最高速へのチャレンジはもはや非現実的な領域に達しており、これ以上高性能化を進めようとしても開発にかかる労力の割にはインパクトが乏しくなるだろう。そもそも現実に400㎞/h以上出せる場所はフォルクスワーゲンのエーラ・レッシェンテストコース（全長8・7㎞のストレートがある）など数えるほどしかなく、ロードタイヤの性能的限界もある（そのためシロンは490㎞/h程度のポテンシャルがあるにもかかわらず、420㎞/hでリミッターが効くように設定されている）。

ピエヒ亡き後のブガッティは、ドイツ的な性能至上主義ではなく、本来の芸術的な美を求めるブランドになるべきと考える。単に内外装が美しいだけでなく、エンジンやサスペンションなどのメカニズムも美しい造形と質感の、スポーツカーだけでなく、タイプ41のような、ファントムを凌ぐような高級サルーンや、タイプ57のような豪華なGTも作るべきだろう。とにかく、ブガッティは今のままの方向性に留めておくにはもったいないブランドなのである。

タイヤのブランド

ブランド力のあるタイヤブランドというと何を思い浮かべるだろうか。1960年生まれの筆者としてまず頭に浮かぶのがピレリ、そしてミシュランである。なぜピレリがまずブランドとして頭に浮かぶのかというと、それは1974年に発売されたピレリP7の強烈な印象があるからだ（現在売られているP7とはまったく別物である）。

1970年代初頭、ストラトスを開発中だったランチアは、ピレリに新タイヤの開発を要請する。当時、レーシングタイヤといえばクロスプライが当たり前だった。なぜクロスプライかというと、当時のラジアルタイヤの扁平率は82%が主流であり、扁平率70%は「ワイド」といわれていた時代だったからだ。1973年デビューのフェラーリ365GT4 BBでも、標準装着タイヤは215／70R15だったのだ。ランボルギーニ・カウンタックLP400のリヤタイヤですら、215／70R14という今では考えられないサイズである。これはタイヤの外径に制限がある以上、タイヤ幅を一定以上太くすることができなかったことを意味するのだ。

このためランチアは、ストラトスのポテンシャルを引き出すことのできる、扁平率の低いラジアルタイヤを要求したのである。そうして開発されたのが当時としては驚異的な低扁平率、50%を誇るピレリＰ7である（ただし、ストラトスのロードバージョンにＰ7は装着されなかったが）。Ｐ7はポルシェ９１１（タイプ９３０）ターボやＬＰ４００Ｓに進化したカウンタック、フェラーリ３０８ＧＴＢ、アルピナＢ7などに採用された。そのため９３０ターボにはワイドなフェンダーが装着され、さらにＬＰ４００Ｓは３４５／35Ｒ15という超扁平・超ワイドタイヤが装着されたため、カウンタックのオリジナルのフェンダーには収まらず、巨大なオーバーフェンダーが装着された。

しばらくの間、これほどの超扁平タイヤはＰ7の独壇場であり、Ｐ7は超高性能タイヤの代名詞のような存在になったのだ。しかし１９９０年代以降、他社も多くの低扁平率高性能タイヤを発売するようになり、ピレリのブランド力は圧倒的なものではなくなっていく。現在、Ｆ１にタイヤ供給はしているものの、おそらく40代以下の人にとってみればピレリが特別高性能というイメージはないだろう。

一方のミシュランは空気入りタイヤのメーカーとして超老舗ブランドである。創業は１８８９年であり、ほぼ自動車の誕生と同時期である。当初のタイヤ製品は自転車用だったが、自転車レースで好成績を残したことでタイヤブランドとしての名声を得ることになる。自動車用の空気入りタイヤの特許も取得したミシュランは１８９５年のパリ～ボルドーレースに空気入りタイヤで参戦し、完走を果たす。

そして１８９８年には、現在もミシュランのマスコットであるビバンダムが登場する。展示会でタイヤを積み上げていた際、それに手足を着けたら人間に見えるのではというアイデアから生まれたもので、広告のキャラクターにも使われ、ミシュランを象徴するキャラクターとなった。

１９００年には最初のミシュランガイドが発行される。タイヤの消費を増やすために作られた旅行ガイドである。１９２６年にはレストランの評価を星で示すシステムが作られた。現在、自動車に関心のない人にとってはミシュランといえばこのガイドのことがまず頭に浮かぶほど世界的に定着した存在となった。

１９４６年には革新的なラジアル構造のタイヤを発売する。耐久性、操縦性、安全性、燃費をすべて向上させるラジアルタイヤは１９７０年代になるとタイヤの標準となっていくが、その先鞭を付けたのがミシュランなのである。ミシュランはラジアルタイヤにこだわり、１９７７年にはＦ１にラジアルタイヤで参戦、数年後にはほとんどのレーシングタイヤはラジアルとなった。

その後もミシュランはタイヤ業界をリードし続け、現在でもその真円性の高さ、操縦性と乗り心地の高いバランスなどで他社を一歩リードするポジションを堅持している。世界シェアでもブリヂストンとトップを競い合っており、２０２０年以降3年連続でトップの座に輝いている。

第3章

イタリア車ブランド

Italian car brands

フェラーリ
「電動化が進む中でもエンジンの咆哮は保てるか」

Italian car brands

フェラーリはご承知のとおり、エンツォ・フェラーリによって１９４７年に設立されたブランドである。エンツォはもともとレーシング・ドライバーであり、22歳だった１９２０年にアルファロメオのドライバーとなった。レーシングカーの操縦だけでなく、クルマそのものにも関心が高かったエンツォは、より速いクルマを求めて優秀なエンジニアをフィアットから引き抜いた。それがヴィットリオ・ヤーノで、この引き抜きは大成功して戦前のアルファロメオの名車を多く産むことになる（ヤーノは第二次世界大戦後フェラーリに合流し、ディーノＶ６を始めとする名エンジンを産んだ）。

エンツォはドライバーの傍らアルファロメオのディーラーも経営し、１９２９年に独自のレーシングチーム、スクーデリア・フェラーリを設立する。その後ドライバーとしては引退し、チームマネージャーに専念するようになった。１９３３年、アルファロメオがワークスチームによるレース参戦を休止すると、その活動を事実上引き継ぎ、セミワークス的な体制でレースに参戦した。スクーデリア・フェラーリ車には跳ね馬のマークが付けられていたが、これは第一次世界大戦で活躍し戦死したパイロット、フランチェスコ・バラッカの機体に描かれていたものだ。バラッカの戦死後、バラッカの母親が跳ね馬をモチーフとしたネックレスを従軍していたエンツォに贈ったことがきっかけとなっている。

その後、エンツォはアルファロメオ首脳陣と対立してアルファロメオを去り、自ら車両開発を決意する。そして第二次世界大戦が終わった1947年、ついにフェラーリの名を冠したクルマを作り始めることとなるのである。もちろん作るのはレース参加を目的としたレーシング・スポーツカーで、最初のモデルは1500ccV12エンジンを搭載した125Sである。1949年、レース資金を稼ぐためにロードカーの市販も始める。最初のモデルは2000ccV12エンジン搭載の166インターだった。

1970年代半ばまでのフェラーリのロードカーはすべて12気筒エンジン搭載であり、車名は1気筒あたりの排気量を示していた。V6エンジンを搭載した206GTはそれゆえフェラーリの名は冠せられず、エンツォの息子の名前であるディーノと命名された。この伝統が破られるのは1975年発表のV8エンジンを搭載した308GTBである。

ところで、初期のフェラーリのほとんどが右ハンドルだったのはご存知だろうか。これはサーキットの多くは時計回り、つまり右コーナーが多いため右ハンドルの方が重量配分的に有利で、ピットも右側にあるケースが多く、ドライバー交代が容易かつ安全だったためレーシングカーは右ハンドルが多かったからである（ポルシェのレーシングカーも右ハンドルが多い）。これはいかにもフェラーリらしいエピソードといえるだろう。

1950年に始まったF1にも初年度から参戦、現在に至るまで休みなく参戦している唯一のコンストラクターである。F1コンストラクターチャンピオン16回、ル・マン24時間優勝8回、ミッレミリア優勝8回などといった栄光はフェラーリの圧倒的なブランドイメージのベースである。

もうひとつフェラーリの強力なブランドイメージに貢献しているのはピニンファリーナによる美しいデザインであろう。1957年に高級スポーツカーのデザインに関する独占契約をピニンファリーナと結んだことにより、競合他社がピニンファリーナにデザインを依頼できなくなったのだ。栄光と美というスポーツカーにおいて極めて重要な要素を独り占めする圧倒的な存在感を示すブランドは、このように形成されたのである。

エンツォは1988年にこの世を去るが、その後を引き継いだルカ・ディ・モンテゼーモロは1973年から1977年までフェラーリF1チームを率いた人物で、フェラーリF1チームを建て直すとともに市販車の技術水準や品質を大幅に向上させることに成功した。その結果、販売台数を増やすと同時にフェラーリの世界的評価を高めることにも成功したのである。

スーパースポーツカーの象徴とも言える地位を築き上げたフェラーリであるが、これからどのような展開を見せるのだろうか。まず注目すべきは2016年にFCA（現ステランティス）から離れ、単独のメーカーとなったことだ。この狙いは何かというと、欧州の量産メーカーは2030年のCO_2規制値達成のため急速にBEV化を推し進めているが、EUの規則には小量生産メーカーに対する救済措置があるからなのだ。EU内での登録が1万台以下のメーカーはそのメーカーの状況に合わせた独自の目標値設定をすることが可能で（もちろん排出量削減は求められる）、1000台以下であれば規制から除外される（ケータハムやモーガンのようなメーカーがまだ生き延びる余地が残されているということだ）。フェラーリのEUでの登録台数は年間4000〜5000台のため、独立することでこの「1万台以下」の恩恵を受けることができるのである。なお、現在発表されているフェラーリがEUに示した目標は、1台あたりCO_2排出量を2024年に291g、2025年に290g、2026年に287gという非常に穏やかな削減目標である。

モンテゼーモロの時代には希少性維持のため、生産を年間7000台程度に抑えていたのだが、独立した以上安定した収益を単独であげる必要にも迫られる。そのためには販売台数の拡大と収益性の向上がどうしても必要になる。そのためのひとつの切り札が多くのスポーツカーメーカーが歩んだ道、つまりSUV市場への参入であり、フェラーリ初の4ドア車となるプロサングエを発表した。プロサングエはV12を搭載してデビューしたが、必然的にハイブリッドやBEV仕様も投入されるだろう。逆に、BEV化しやすく量を売りやすいSUVがラインナップに必要だったともいえる。ピュアスポーツもCO_2排出量削減からは逃れられないため、ハイブリッド化が進むだろう。ハイブリッドであればフェラーリ最大の魅力であるエンジンの咆哮は当面の間保たれるという解釈もできる。

2022年に発表された戦略では、2025年に最初のBEVが導入され、2026年には60%が電動化（ハイブリッドないしBEV）、2030年には40%がBEV、40%がハイブリッド、20%が純粋な内燃機関車になるとしている。おそらくBEVはSUVが中心になるだろう。マラネロではBEV専用の工場の建設も進んでいる。

フェラーリの拡大はさらに進む見込みだ。前ＣＥＯのカミレッリ（２０１８〜２０２０年）はＳＵＶに留まらず未開拓な市場に進出すると発言している。ピュアスポーツより市場規模が大きくＢＥＶ化もしやすいＧＴカーの車種拡大もアナウンスされており、ローマはその流れに沿ったものだ。そうなると4ドアＧＴの可能性も高いと考えられるがどうだろうか。

ところで、独立企業となったフェラーリの懸念材料として、Ｆ１活動があげられる。なにしろかってエンツォがフィアット傘下に入る決断をした最大の目的は、レース活動の潤沢な資金を得るためだったのだ。現状ではＦ１を取り仕切るリバティ・メディアからの分配金と巨大スポンサーのフィリップモリスに依存している。前ＣＥＯカミレッリもフィリップモリス出身であり、両社のＣＥＯを兼務していたという事実が両社の深い関係を裏付けている。この蜜月関係がいつまで続くかわからないが、フェラーリとＦ１は切っても切り離せない関係である。リバティ・メディアも金銭的なバックアップは可能な限り行うと思われるが、Ｆ１で輝かしい戦績をあげ続けるための資金調達は、大企業の一部ではなくなったフェラーリにとって悩ましい課題になるかもしれない。

さらに将来を考えると、脱炭素は避けられない流れであり、２０５０年頃には多くのクルマはＢＥＶになるだろう。願わくはそんな時代になったとしても、フェラーリとＦ１は水素やカーボンニュートラル燃料などを利用するなどの方法で、素晴らしい内燃機関の咆哮を聞かせ続けてほしいものだ。

ランボルギーニ
「創業者の意思とは反対に代表的モデルとなったミウラ」

アウトモビリ・ランボルギーニは、トラクターやエアコンの製造で財をなしたフェルッチオ・ランボルギーニによって１９６３年に創設された。購入したフェラーリに不満があり、直接エンツォ・フェラーリにクレームしたが無視されたので自らスポーツカーの製造に乗り出したという有名な神話があるが、これは作り話であって「高価格車は儲かる」と考えてビジネスとして始めたという説もある。ことの真偽はともかく、スポーツカー作りに乗り出したランボルギーニであるが、フェルッチオが目指したのはスーパースポーツではなく豪華で快適なGTだった。従って１９６４年発表の最初の市販モデル、３５０GTはV12エンジンをフロントに積み、小さいながらもひとり分のリヤシートを備えたGTである。そして初期のランボルギーニで高く評価されたのはスムーズさと静かさがフェラーリより優れている、という点だった。そして、その後継モデルの４００GTは全長を伸ばして２＋２とし、さらにGT色を強めていた。この方向性はフェルッチオが社長の間は一貫しており、１９７０

年代に入ってからもエスパーダ、ハラマ、ウラッコといったエレガントなルックスのGT系モデルをラインナップしていた。

このようなフェルッチオの方針とは裏腹に、ランボルギーニの存在感を大きく高めることになったのが1966年発表のミッドシップ2シータースポーツ、ミウラである。ミウラはエンジニアのダラーラとスタンツァーニ、テストドライバーのウォレスの雑談から開発がスタートしたといわれている。フェルッチオは当初ミウラをショーカーと捉えており、生産化するつもりは無かったらしい。しかしガンディーニのデザイン（初期デザインはジウジアーロという説もある）による美しいデザインに魅了された顧客から強い要望があり、生産化に至ったのだ。ミウラは1967年から発売されるが、フェルッチオの意思とは反対にランボルギーニの代表的なモデルとなる。

1971年、フェルッチオはランボルギーニの株式の51%をスイスの実業家、ロゼッティに売却する。つまりフェルッチオは事実上ランボルギーニの経営から手を引いたのである。そして1974年には残りの49%もロゼッティの友人のレイマーに売ってしまう。フェルッチオなき後、現在のランボルギーニにつながるイメージを決定づけることになるのが1974年にミウラの後継車として発表されたカウンタックである。市販化を考慮せずに設計されたミウラは、横置きV12エンジンというレイアウトに起因する様々な問題を抱えており、抜本的な設計変更が必要だった。チーフエンジニアのスタンツァーニはエンジンを縦置きにし、ギアボックスを前方に配置するというユニークなレイアウトを採用した。重量配分の改善、高速安定性の向上、整備性の向上などを狙ったレイアウトだったが、このレイアウトがカウンタックの独特なプロポーションにもつながっている。スタイリングはガンディーニで、彼の１９６０年代末からの作風の特徴である直線的なウェッジシェイプの集大成といっても良い斬新なデザインだった。

カウンタックは16年間生産される長寿モデルとなり、ランボルギーニを象徴するモデルとなった。日本におけるスーパーカーブームの折には圧倒的ナンバーワンの人気を誇った。現在のランボルギーニのブランドイメージはフェルッチオの意思ではなく、カウンタックによって築き上げられていると いって良いだろう。１９９０年、カウンタックはディアブロに引き継がれたが、そのスタイリングやメカニカルレイアウトはカウンタックを継承するものであった。それ以降、現在に至るまですべてのランボルギーニはカウンタックを祖とするスタイリングを継承している。

フェルッチオの手を離れたランボルギーニは、当時カウンタックが人気だったものの、実際には高性能スポーツカーへの需要は少なく、生産台数は年間２００~５００台にとどまり、１９７８年に倒産してしまった。その後フランスのミムラン兄弟を経て、１９８７年にクライスラーが買収する。資金を得たランボルギーニはカウンタックをディアブロに進化させたり、１９８９年からＦ１に参加するなどブランドに対する投資が行われた。Ｆ１エンジンを開発したのは長年フェラーリのエンジニアだったマウロ・フォルギエリである。ちなみにランボルギーニＦ１エンジンの最高順位は１９９０年日本ＧＰにおける鈴木亜久里の3位である。しかしながら販売は低迷し続け、１９９２年はわずか１６６台にまで落ち込んでしまい、クライスラーもさじを投げる形となる。１９９３年にインドネシアのメガテックが買収するが、ディアブロだけでは如何ともしがたく販売は低迷し続け、年間２００台程度に留まった。

零細な規模であり続けたランボルギーニが一気に飛躍することとなったのは、1999年にアウディによって買収されてからである。フォルクスワーゲン（VW）グループの一員となったランボルギーニは、VW基準での製造品質の見直しを受けることになる。特に2003年に発売されたガヤルドは、アウディR8とエンジン、駆動系、フレームなど多くの技術要素を基本的に共通して開発され、品質と信頼性が飛躍的に向上した。またドアもR8同様通常のヒンジ式で、「安心して買える、使えるランボルギーニ」となった。ランボルギーニの販売台数は、2002年の424台から2003年に一気に1305台と3倍増となり、2006年には2000台越え、2015年には3000台を超えるまでに成長した。

2018年、ランボルギーニは更なる大きな転機を迎える。SUVのウルスの発売である。ランボルギーニは過去にLM002という高性能オフロードカーを生産していた実績があり、ブランドとしてSUVに親和性がないわけではない。ただし、ウルスのスタイリングはLM002ではなく、カウンタックの流れをくむデザインとなっている。ウルスは大ヒットし、ポルシェがカイエンを発売した時とまったく同じ状況が生まれている。ウルスによってランボルギーニの販売台数は一気に倍増し。2009年には8205台に達した。

2022年のランボルギーニの生産台数は9233台で、そのうち5367台がウルスだ。つまり約6割がウルスなのである。スポーツカーも好調であり、ウラカンはガヤルドの倍以上のペースで売れている（2022年は3113台を販売）が、ウルスはそれをはるかに凌いでいるのだ。

スポーツカーに関してはNAエンジンにこだわり続けてきたランボルギーニだが、世界的にCO_2

規制はますます厳しくなっており、最新のV12モデルであるレヴエルトはフロントに2基、リアに1基の電動モーターを搭載するプラグインハイブリッド車として登場した。2024年に登場する次期ウラカンもV8ターボのプラグインハイブリッドとなるらしい。さらに、まだコンセプトレベルだが純粋なBEVである2+2GT、ランザドールが発表されている。

2028年以降に発売されるモデルは、すべてVWグループで共通に使われる「SSPマトリックス」をベースとしたものになると言われている。SSPマトリックスはBEV専用のアーキテクチャーなので、すべてのランボルギーニはBEV化されるという計画である。つまり、内燃機関を搭載したモデルはレヴエルト、現行ウルス、次期ウラカンが最後という流れである。

しかし2023年3月、EUは今までの方針を修正し、2035年以降も合成燃料使用を条件に内燃機関の存続を認めた。そうなると話は変わってくる。これから開発が始まるモデルには純粋な多気筒NAエンジン搭載モデルもあり得るかもしれない。もちろんメインはBEVという流れは避けられないだろうし、内燃機関モデルは少数に限定されるかもしれないが、将来もV12エンジンの咆哮を楽しめるとすれば、それほど喜ばしいことはないだろう。多気筒NAエンジンの咆哮こそが、ランボルギーニの最大の魅力なのだから。

フィアット
「ブランドイメージの中核を形成する2台のAセグ車」

Italian car brands

自動車ブランドは人名を冠したものが多く、創設者の情熱によりクルマ作りが始まり、その創設者の個性がブランドの個性となっているものが多い。それらのブランドと対極に位置するのが、フィアットといって良いだろう。1899年、トリノの名士が集まって大規模な自動車会社を設立したのがフィアットである。従ってFIATはFabbrica Italiana Automobili Torino、トリノイタリア自動車製造所の略である。当時イタリアはドイツやフランスに比べ、自動車製造にやや出遅れていた。その遅れを挽回するため、最初から大企業としての自動車会社を設立しようとしたのだ。その中心人物がその後、長きにわたってフィアットを支配することになるアニェッリ家のジョバンニ・アニェッリである。

自動車会社を設立したものの、当初は技術も工場もなかったので、トリノでモーターサイクルや自動車の製作を始めていた従業員50人の小さな工場を買収することから始まった。その50人の中には後にランチアを設立することになるヴィンチェンツォ・ランチアもいた。しかし最初から大規模の自動車生産を目指していたので、トリノ市内に大規模工場の建設も進められ、優秀なエンジニアも多数集められた。

アニェッリは自動車技術の進歩への貢献と宣伝効果の高さから、モータースポーツを重要視していた。そのためフィアットは、当初から当時フランス車が席巻していたレースに積極的に参加し、設立後5年の1904年にはコッパ・フローリオで優勝、1907年には当時の3大レースすべてで優勝し、ヨーロッパ中にその名を広めることに成功した。この名声を背景に、1908年から低価格小型車の大量生産を開始する。この最初の小型車はタクシー用でイタリア国内だけでなく、ロンドンやニューヨークでも使われた。1910年には一般用のモデルも売り出す。その後の第一次世界大戦での軍需によりフィアットはさらに大きく成長することになり、戦後の1920年代にはイタリア市場におけるシェアは80%に達した。

フィアットは小型車から超高級大型車まで生産するフルラインナップメーカーとなっていたが、徐々に安価な小型車中心にシフトしていく。その象徴的なモデルが1932年発売のティーポ508バリッラ、そして1936年に発売された500（チンクエチェント、愛称トッポリーノ＝子ネズミという意味）である。バリッラは徹底的に低コストとメンテナンスの容易さを追求したモデルで、本格的大衆車の先駆けといえるモデルだった。その考え方をさらに徹底的に追求したのが500である。この500を設計したのが、その後のフィアットの名車を数多く作り上げることになるダンテ・ジアコーサである。この初代500はFRで、リヤシートを作るスペースはなく2シーターだった。しかし徹底したローコストを目指して作られたにもかかわらず、シンクロ付きギヤボックスや前輪独立懸架など快適性も重視した作りとなっていた。結果、500は戦前のフィアットを代表するヒット作となった。

第二次世界大戦後も500はボディを近代化しつつ生産され、合計65万台が生産された。ジアコーサは他のモデルもオーソドックスな設計を貫いていたが、500の後継車にはまったく異なる設計を取り入れることになる。その最初のモデルが1955年発表の600で、小型車でありながら4人がきちんと乗れる空間を確保することを目指したモデルである。そこで取り入れられた方式がリヤエンジンである。当時、フォルクスワーゲンやルノー4CVで採用されていたものだ。

そして1957年、現在のフィアットのブランドイメージに通じるフィアット史上最大のヒット作、ヌオーヴァ・チンクエチェント（新500）が登場する。『ルパン三世』に登場し、日本でオリジナルのチンクエチェントとして認識されているのはこのモデルである。世界的に見ても、現在のフィアットのブランドイメージの中核を形成しているのは、このヌオーヴァ・チンクエチェントなのではないだろうか。このモデルは1977年まで製造され、総生産台数は400万台に達する。600の上位車種の850もリアエンジンで、その上の1100以上はFRが踏襲された。

1969年、ジアコーサはその後の自動車業界に決定的な影響を与えることになるモデルを設計する。それが128で、エンジンとトランスミッションを横置きに並べた前輪駆動方式を採用していた。前輪駆動の小型車としてはミニが既にあったが、ミニはトランスミッションの上にエンジンを載せる設計で、上下に嵩高くなる欠点があった。このジアコーサの方式はその欠点を一掃するもので、生産効率も高かった。このレイアウトは小型車のレイアウトとして定着し、現在の小型車は一部の例外を除きほぼすべてがジアコーサ式のレイアウトを採用している。

ヌオーヴァ・チンクエチェントが生産中止となってから3年後の1980年にもうひとつ、現在のフィアットのブランドイメージを象徴することになるモデルが誕生する。ジョルジェット・ジウジアーロがデザインしたパンダである。パンダは500同様、徹底したローコスト設計のミニマムなクルマであったが、それが他のどのクルマにも似ていない強烈な個性となって大ヒット作となり、今でも初代パンダの熱烈な愛好家が存在する。パンダはモデルチェンジを繰り返しつつ現在でも生産され、フィアットの主力モデルとなっている。2007年にはヌオーヴァ・チンクエチェントをモチーフとした新しい500が誕生した。これは実用性よりもファッション性を追求したもので大人気となり、今でも生産が続いている。フィアットは500とパンダというAセグメント2モデルでブランドイメージを形成しているといって過言ではないだろう。

2014年、フィアットはクライスラーと合併し、企業としてはFCA（フィアット・クライスラーオートモビルス）となり、2019年にはPSAとも合併し、フィアットはステランティスの1ブランドという位置づけとなった。フィアットは2022年、117万台を販売し、ステランティスのブランドの中で1位だったが、販売状況を見るとブラジル1国で37％を占めていて、イタリアの19％の2倍近い。ブラジルではシェアナンバーワンブランドである。それ以外のほとんどの国では500を核としたニッチブランドと呼ばざるを得ない販売状況だ。

問題はブラジルとイタリアでモデルラインナップがまったく異なることだ。なんと、ブラジルではヨーロッパや日本でフィアットの象徴と思われている500とパンダが売られていないのだ（500eのみ販売される）。逆にブラジルで売られているモデルは、イタリアを含めた欧州では売られていない。欧州や日本でのフィアットのイメージとかけ離れたピックアップトラックがもっとも売れているモデルなのである、同じフィアットといっても、その内容もブランドイメージもイタリアとブラジルではまったく異なるのである。

南米を例外として考えた場合、500とパンダというAセグメント偏重というのが大きな問題となる。フィアット以外のブランドはAセグメントから手を引く傾向にあり、結果としてヨーロッパ全域的にこのフィアットの2モデルがAセグメント市場の大半を占めている。500はファッショナブルカーだが、低価格で買いやすいという側面も持っている。パンダの強みは低価格だ。

500eはEVとしては比較的売れているが、500全体に占める割合はまだ少ない。価格もガソリンの500と比べると決定的に高価である。ガソリン車の500はデビューから16年が経過しており、安全装備など現在の目で見ると貧弱だ。パンダもデビューからかなりの時間が経過している。新型モデルは、500eと500X後継の600というEVだけで安価なガソリンモデルはなく、それで従来の市場をカバーすることは難しいだろう。南米を除く地域では、500eと600（およびそのバリエーション）を軸に台数的にはMINIのようなニッチなファッションブランドとして生きていくしかないのでは、というのが私の見立てである。

アルファロメオ

「ブランドを象徴する量産スポーツモデルが必要」

Italian car brands

アルファロメオ――、非常にロマンティックな響きを持つ名前だが、その名の前半分であるアルファとは、１９０９年にミラノの資産家によって設立された「ロンバルダ自動車製造会社」を略したＡＬＦＡである。ミラノの資本家達がトリノのフィアットに対抗して設立したものだが、その母体となったのは、フランスの自動車会社ダラックがミラノに設立したイタリア工場だった。第一次世界大戦中の１９１５年にＡＬＦＡは採掘機械で財をなしたニコラ・ロメオに買収され、アルファロメオとなった。こういう背景を考えると、あまりロマンティックな成り立ちの会社ではない。

ＡＬＦＡは名声を得るために設立間もない頃からレースに参戦していたが、ニコラ・ロメオもモータースポーツへの関心が高く、第一次世界大戦が終わると積極的にレースに参加した。そのドライバーのひとりにエンツォ・フェラーリがいた。フェラーリはアルファロメオの性能を高めるべく、１９２３年にフィアットから若いながらも頭角を現していたエンジニアであるヴィットリオ・ヤーノの引き抜きに成功し、ヤーノにグランプリレース用のレーシングカーを開発させる。そして生まれたマシンが歴史に名を残すことになる名車、P2である。

P2はデビュー戦で勝利を飾り、その後グランプリで14勝、タルガフローリオでも勝利を飾る。ヤーノはその後も6C 1750や8C 2300、8C 2900といった、戦前のアルファロメオを代表する高性能スポーツカーも産みだした。しかし高価な高性能車中心のラインナップだったため、世界恐慌で経営が立ちゆかなくなり、1933年に国有化の憂き目に遭ってしまう。

第二次世界大戦で工場は壊滅的な打撃を受け、敗戦国となったイタリアでは小型の大衆車が求められていた。国有企業であったアルファロメオはイタリア復興のために小型車中心の生産にシフトしたのである。1950年、その先駆けとなる1900が登場する。小型大衆車とはいえ、そのエンジンには、当時まだ大衆車に採用されることはほとんどなかったDOHCエンジンが搭載されていた。

現在に至るアルファロメオのイメージを形成するきっかけとなったのが、1954年に生まれたジュリエッタである。1300ccの小型車であったが、1900同様DOHCエンジンを搭載していた。ネーミングの由来は「ロメオとジュリエット」(イタリア語でジュリエットはジュリエッタとなる)であり、極めてロマンティックなネーミングであった。

1962年にはジュリエッタの後継モデルとしてジュリアが登場する。ジュリアはDOHCエンジンを踏襲するだけでなく5速トランスミッションを備え、グレードによっては4輪ディスクブレーキも装備するなど、当時の最先端の技術が投入されていた。1963年に追加されたジウジアーロデザインによるスプリントGTは、流麗なスタイリングで1960～70年代前半を代表するスポーツカーとなった。スプリントGTは、その後2000GTVにまで発展しつつ1977年まで生産された。日本においても伊藤忠オートが当時としてはまとまった台数を輸入し、現在の日本におけるアルファロメオイメージの礎は、このスプリントGTから始まるジュリア系クーペにあるといって良いだろう。

しかしマニアックで複雑なクルマ作りに加えて後に品質問題なども発生し、1980年代には経営不振となり、1986年にフィアットの傘下となってしまう。フィアット傘下となったアルファロメオは徐々にアルファロメオ〝らしさ〟が失われていった。販売台数も低下し、2014年には6万5000台という低水準となってしまった。

このような状況の中、当時FCAのCEOであったセルジオ・マルキオンネはアルファロメオブランドの再生を決意する。まずはフィアット車をベースとしたクルマ作りをやめ、伝統のFR方式に回帰させる。そして当時、事実上欧州のみ（約90％）だった市場の大幅拡大を狙った。巨大市場であるアメリカに20年ぶりに復帰し、中国にも新規参入させた。そして満を持してデビューさせたのが2015年発表のジュリアと2016年発表のステルビオである。目標は極めて野心的で、2018年に40万台を達成するというものだった。そのうち15万台はアメリカ市場である。

その結果はどうだったのだろう。2018年のアメリカでの販売は2万3800台に留まり、目標の6分の1以下という結果となった。中国での販売は5500台に留まった。2018年の世界販売台数は12万台で、目標の3分の1以下である。競合するプレミアムブランドの販売台数と比べるとあまりに小さい数字である。2018年以降も販売は伸びるどころか低下している。アメリカでの販売は2019年以降1万8000台程度で推移していたが、2022年には1万2843台まで落ち込んでいる。中国での2022年の販売台数は832台という惨状である。主力となる欧州でも厳しい。2018年には8万2943台の販売だったが、2022年には3万5718台にまで落ち込んだ。

アルファロメオの最大の問題は、欧州以外での認知度の低さであろう。アメリカで20年のブランクは大きい。しかも記憶している人も、品質問題などそのイメージは必ずしもポジティブなものではない。この必ずしもポジティブでない、というイメージは認知度の高い欧州でも共通する。一方、中国人にとっては事実上初めて接するブランドである。F1にも参戦し、中国人ドライバー（正確にはスポンサーだが）の周冠宇を起用したが、さしたる成績を残せないまま2023年限りで撤退してしまった。

さらに問題なのは、商品力強化スケジュールの遅れだ。当初は2020年までに8車種を展開するという計画だったが、ようやく2023年にトナーレが追加されるに留まっている。小型のSUV、トナーレは欧州では堅調に売れているようで、2023年上半期はアルファロメオ全体の販売は前年比100％増となっている。しかし、この水準はようやく2018年の水準に戻っただけである。現在アルファロメオ全体に占めるトナーレ比率は50％超で、さらにトナーレの50％以上がイタリア国内で売られており、イタリア以外の国では販売が好調とはいえない状態だ。アメリカではトナーレ導入後も販売低下の流れは変えられず、前年比割れが続いている。2023年、33ストラダーレが発表されたが、33台の限定車であってあくまで打ち上げ花火でしかない。

今後主力車種として導入が噂されているのがPSA系プラットフォームによる小型SUVである。FCAとPSAが合併して、ステランティスになったわけだが、PSAは208や2008のように

ＢＥＶ化も考慮したプラットフォームを持っているため、電動化で遅れているアルファロメオでも採用ということになったのではと思われる。

逆にステランティスとしては、アルファロメオをＢＥＶ中心のブランドとしていく方針なのではないだろうか。実際、33ストラダーレにはＢＥＶ仕様も用意されている。この理由だが、欧州のメーカーは今後ＢＥＶ比率を上げざるを得ないわけだが、ＢＥＶのコストダウンは容易ではなく、ＢＥＶを売るためには高価格でも売れるプレミアムブランドが必要なのだ。

ステランティスは数多くのブランドを擁するが、ほとんどはマスブランドであり、グローバルなプレミアムブランドと呼べるものは、マセラティとアルファロメオだけである（アバルト、ランチア、ＤＳもあるが現状ローカルブランドでしかないだろう）。マセラティでは台数は期待できないので、アルファロメオを高級な大型ＢＥＶの中核ブランドにしたいというモチベーションは高いはずだ。しかし、ＢＥＶのＳＵＶが中心のラインナップで、アルファロメオらしいブランディングが可能なのだろうか。アルファロメオにはブランドを象徴する量産スポーツモデルが必要不可欠と思われ、１９６０年代のジュリア・スプリントのような、軽量コンパクトで切れ味のあるスポーツクーペを今一度期待したいところなのだが。

マセラティ
「かつてはレーシングカーの製作で名を馳せたが」

Italian car brands

マセラティというと、どの車種を思い浮かべるだろうか。スーパーカー世代であればボーラやメラクといったスポーツカーを思い浮かべるだろう。バブル期にクルマに親しんだ人であれば、ビトゥルボ系のモデルを思い浮かべるかもしれない。比較的最近になってマセラティに親しんだ人であればフェラーリエンジンを搭載したクワトロポルテやクーペ／スパイダーだろうか。このように時代によって大きくキャラクターが異なるモデルを生みだしてきた背景には、マセラティの複雑な歴史がある。

マセラティはアルフィエーリ、エットーレ、エルネストのマセラティ3兄弟によって1914年にボローニャで設立した小さな自動車工房から始まる。中心となるのはアルフィエーリである。そもそもは長男のカルロが自らガソリンエンジンを製作し、その影響で弟たちも自動車に魅せられるのだが、カルロは30歳で病死してしまったのだ。

この小さな工場で兄弟は必死に働き、第一次世界大戦が始まった時、ここで航空機エンジン用高性能スパークプラグの製造を始める。このスパークプラグは高く評価され、戦後も自動車に採用されて兄弟の資金源となった。そこで得た資金で兄弟はイソッタ・フラスキーニをベースにレーシングカーの製作を始める。レースで好成績を収め、ディアット社からレーシングカーの製作を依頼される。ディアット社は経営難に陥ってしまうが、そのプロジェクトをマセラティ兄弟が継承することとなった。そして1926年にマセラティの名を冠したレーシングカー、直列8気筒DOHCエンジンを搭載したティーポ26（1926年が由来）が登場することとなる。このマシンに付けられたマークが、ボローニャにあるネプチューン像が持つ三叉の銛をモチーフにしたものだった。もちろん、マセラティ3兄弟という意味も込められている。

ティーポ26は好成績を収め、プライベートドライバーからの需要もあってそれなりの台数が製作され、バリエーションも増えていった。1930年に登場したティーポ26の進化・強化版の8C－2500は、グランプリレースでアルファロメオやブガッティを凌ぐ性能を持つレベルにまでなった。このように戦前のマセラティは、あくまでレーシングカーコンストラクターであり、ロードカーは生産していなかったのだ。

1932年、アルフィエーリが5年前に起こした事故の後遺症が悪化して亡くなってしまう。マセラティは大黒柱を失い、ナチスの支援を受けたメルセデス・ベンツとアウトウニオンがグランプリレースに参戦すると、勝利を得ることは困難となり1936年にはグランプリレースから撤退する。しかし現在のF2やF3にあたるボワチュレット・レース用マシンは成功作となり、多くのプライベートチームが購入、マセラティは生き延びることができた。

1938年、マセラティに大きな変化が起きる。資本家のアドルフ・オルシの出資である。ボワチュレット・マシンの売れ行きは良く、スパークプラグ事業も儲かっていたが、マセラティ兄弟は車両開発に専念したかったため出資を受け入れたのである。その結果経営の主体はオルシの手に渡り、拠点もモデナに移る。そして再びグランプリカーの開発に着手する。開発された8CTFというマシンでグランプリに復帰するが、グランプリではさしたる戦跡は残せなかったが、1939年のインディ500で優勝を飾った。しかしその直後に第二次世界大戦が起こってしまう。

第二次世界大戦後、オルシとの契約が切れたマセラティ兄弟はマセラティを離れた（マセラティ兄弟はOSCAを設立する）。オルシは兄弟が残したマシンを改良し、1948年からレースに参戦する。オルシはGTカーの販売にも乗りだし、1947年にピニンファリーナ・デザインのA6−1500が登場する。レース活動も続けられ、1952年にはアルファロメオ、フェラーリで実績のあるジョアッキーノ・コロンボがマセラティに移籍、1954年から始まる2・5ℓフォーミュラにむけた新マシンを開発する。このマシン、250Fは市販され、他に有力なマシンがなかったこともあって多くのプライベートチームが購入したため、最終的には26台が製作された。250Fは1954年から1957年の間に8勝した。特に1957年はファン・マヌエル・ファンジオが8戦中4勝を挙げ、250Fはチャンピオンマシンとなった。250Fをベースとしたスポーツカーも作られ、エンジンを3ℓに拡大した300Sはスポーツカーレースで大活躍する。しかし財政的に厳しくなったマセラティは1957年をもってワークス活動を終了する。しかしレーシングカーの製作・市販は続けられ、名車ティーポ60（バードケージ）などが誕生した。

ロードカーとしては1957年に3500GTを発表、この頃からレーシングカーよりもロードカーにその中心を移し始める。レーシングカーの製作は1965年頃に終焉を迎えるが、1966年にF1にエンジンコンストラクターとして復帰する。クーパーのマシンに搭載され、1966年と1967年に1勝ずつ挙げている。

マセラティのロードカーはスポーツカーではなくGTがその中心である。3500GT以降もセブリング、ミストラル、ギブリ、インディ、カムシンと主力はずっと高性能GTだった。さらに4ドアのクワトロポルテも加えられた。しかし、その生産台数は限定的で経営は苦しく、1968年にシトロエンの資本を受け入れる。このシトロエンの時代に生まれたのがミッドシップスポーツカーのボーラとメラクである。ボーラはマセラティ初のミッドシップスポーツカーだが、ミッドシップカーとしてはその実用性が高く、GT寄りの性格だった。メラクはボーラと基本的に同じボディにシトロエンSMのV6エンジンを搭載し、余ったスペースでリヤシートを作り2+2となったモデルである。

やがてシトロエン自体の経営が悪化し、1976年にマセラティを引き継いだのがデ・トマソである。デ・トマソはそれまでのマセラティとは異なる市場を狙う戦略に出て、1981年にマセラティとしてはコンパクトで廉価なビトゥルボを発売する。この戦略は成功し、生産台数は一気に拡大、その後のマセラティのほとんどはビトゥルボをベースとしたモデルとなった。

しかしながら、その信頼性の低さから、次第に販売は低調となり、1993年にフィアット傘下となる。とはいえ当面はビトゥルボ系車種を生産するしかなく、販売は年間数百台レベルにまで落ち込んだ。フィアット傘下で開発された最初のモデルは3200GTである。そして3200GTはフェラーリベースのエンジンを搭載するスパイダー／クーペに発展する。このモデルはフェラーリエンジンを搭載しながらフェラーリよりはるかに安く人気となり、２００３年には同じエンジンを積んだクワトロポルテも発売し、２００８年には８７５９台もの販売を達成した。２０１４年にはＳＵＶのレヴァンテを発売、２０１４年にはなんと販売台数は３万６４４８台にまで拡大した。しかし２０１７年に５万１５００台のピークに達した後は減少に転じるも、２０２２年にグレカーレと新型グラントゥーリズモが発売され、２０２３年上半期は前年比42％増と好調だった。

問題は今後の商品計画である。グランカブリオが追加されるが、おそらくそれが内燃機関搭載モデルの最後となる可能性が高い。マセラティはステランティスの中で頂点を成すプレミアムブランドである。ＢＥＶ化が急務な中、高価でも売れるプレミアムブランドは必然的にＢＥＶ中心のラインナップに移行せざるを得ない状況になっている。実際、グレカーレとグラントゥーリズモにはＢＥＶ版のフォルゴーレが設定され、２０２５年以降に発売されるモデルはすべてＢＥＶになると発表されている。これはエンジンを魅力としてきたブランドに共通する問題だが、オールＢＥＶとなった時にどのようにしてマセラティらしさを維持していくのかが大きな課題となるだろう。

高級ブランドの大企業化

品や工場の共通化などでコストを抑え品質を向上させ、商品力アップにつなげているからだ。例えばベントレー・ベンテイガ、ランボルギーニ・ウルス、ポルシェ・カイエン、アウディQ7、フォルクスワーゲン・トゥアレグのボディはスロバキアのフォルクスワーゲン工場で集中生産されているのだ。

このような、一見独立しているように見えるブランドを吸収して大企業化する動きは、高級ブランド品領域ではさらに顕著である。最大の企業はLVMHだ。LVMHはモエ・ヘネシー・ルイ・ヴィトンの略で、モエはシャンパン

高級ブランドの場合、一見独立したメーカーのように見えても、実は大きな企業体に属しているというケースは多い。自動車でいえば、ブガッティ、ベントレー、ランボルギーニ、ポルシェ、アウディはフォルクスワーゲンのブランドである。ロールス・ロイスとMINIはBMWのものだし、マセラティとアルファロメオはステランティスのブランドである。

これらのほとんどに共通していえることは、グループ傘下になることでより販売台数が多くなり、収益性が向上しているということだ。ブランドとして独立しているように見えても、部

のモエ・エ・シャンドンのことである。モエ・エ・シャンドンとヘネシーは1971年に合併していたが、1987年に高級品という顧客層が重なる点に注目し、商品カテゴリーの異なるルイ・ヴィトンと合併してできたのがＬＶＭＨなのである。

ＬＶＭＨは高級ブランドを次々に買収し、クリスチャン・ディオール、フェンディ、ロエベ、セリーヌ、ケンゾー、ティファニー、ブルガリ、タグ・ホイヤー、ウブロ、リモワなど、現在では75もの高級ブランドを抱える大企業体となっている。2022年は過去最高の売上高である792億ユーロを達成している。

ＬＶＭＨに次ぐ規模を誇っているのが、スイスに本拠を持つリシュモンである。高級ブランドを買い漁る目的はＬＶＭＨと同じだ。スイスらしく時計ブランドに強く、ヴァシュロン・コンスタンタン、ジャガー・ルクルト、ＩＷＣ、パネライ、A.ランゲ&ゾーネなどを傘下に持つ。ほかにもカルティエ、ピアジェ、ヴァンクリーフ&アーペル、ダンヒルなどがリシュモン傘下だ。リシュモンに次ぐ規模を持つのがフランスのケリングで、グッチ、バレンシアガ、ボッテガ・ヴェネタ、イヴ・サンローラン、プーマ、アレキサンダー・マックイーンなどを傘下に持つ。まだ大きなグループとはいえないが、プラダもイギリスの高級靴メーカー、チャーチやイタリアの靴メーカー、カーシューを買収したりしている。このように見ていくと、独立した状態で経営を続けている高級ブランドは、エルメス、シャネル、ロレックスなど一部のブランドに限られることがわかる。

それにしてもどうしてここまで集約されるのだろうか。高級ブランドの顧客層は基本的に富裕層である。日本の場合、野村総合研究所の推計によると、富裕層（金融資産1億円以上・

2021年）は2・5%しかいない。つまりこの層に特化したマーケティングを行うことであらゆる高級品を効率よく売ることができるのである。たとえば高級シャンパンを買った客は、高級腕時計も買う可能性が高い、というわけだ。

さらに、ブランドでの購入体験に満足した場合、再び高価な品を買ってもらえる可能性が高いのが富裕層である。一般庶民が一点豪華主義で高級ブランドを買ったとしても、リピート購入してくれる可能性は非常に低い。だから高級ブランドは富裕層を非常に大切に扱うのである。このあたりのノウハウが高級ブランドグループに蓄積しているため、うまくいっていないブランドを買い取って再生することで、大きな利益を上げることができるのだ。

第4章 日本車ブランド

Japanese car brands

トヨタ
「安心・信頼こそがブランドの核心」

Japanese car brands

インターブランドという会社が「ベスト・グローバル・ブランド100」というブランド力のランキングを毎年発表している。自動車部門のトップはトヨタで、2023年は総合で6位にランクされ、ブランド価値は前年比8%上昇と評価されている。トヨタの自動車部門1位は2004年以降19年連続である。このようにトヨタは世界でもっともブランド力のある自動車会社として高く評価されているのである。

このようなブランド力はいかに形成されてきたのか。物語は豊田佐吉が紡織機の製作に取り組んだことから始まる。豊田佐吉は1898年に日本で初めて動力織機を発明、その後も様々な織機技術を発明した。2代目にあたる豊田喜一郎も織機の研究を行い、高性能な「G型自動織機」の開発に成功する。そして1926年、G型自動織機の量産のため豊田自動織機製作所を設立したのだ。

G型自動織機は海外でも評価され、イギリスのプラット社から特許権譲渡の依頼を受けることとなった。その調印のため1929年、喜一郎は視察も兼ねて欧米に旅立つ。そこで欧米での自動車産業の急速な発展を目にすることになり、フォードなどの自動車工場も視察した。喜一郎は業務の多角化を狙い、1933年から自動車の研究を始める。当時日本で製造されていたシボレーやフォードを手本にしながら1935年にG1型トラックを発売する。その後AA型乗用車も発売されるが、時節柄商工省と陸軍省の意向もあり、当初は生産のほとんどがトラックだった。1937年に自動車部門が独立し、トヨタ自動車工業株式会社となり、現在の本社工場である挙母（ころも）工場が建設された。

乗用車の生産に本格的に乗り出すのは第二次世界大戦後のことである。他社が海外メーカーと提携して乗用車生産に乗り出す中、トヨタは独自開発にこだわった。当初はトラックのシャシーをベースとしたものだったが、本格的な乗用車として初めて開発されたのが1955年発売のクラウンである。

輸出は1950年代後半から始めるが、当初クラウンはアメリカのハイウェイで連続高速走行ができず散々な結果だった。しかしジープ型のランドクルーザーは評判が良く、当初のトヨタの主力車種となった。1960年発売のランドクルーザー40系は、そのタフさと使いやすさから世界的に高く評価され、現在につながるトヨタの海外におけるブランドイメージの礎となっている。トヨタはその後ランドクルーザーだけでなく、すべての製品で信頼性の高さ、耐久性の高さ、コストパフォーマンスの高さで評価されるようになる。

トヨタのクルマ作りの考え方のベースとなっている社是が「日々改善」と「よい品よい考」であり、その考え方に基づいて生まれたのが「リーン生産方式」と「ジャストインタイム（JIT）」である。その目的は徹底的な無駄の排除で、在庫を無くし、作業の無駄を無くし、不良品を無くすことにある。

その結果、トヨタ車は手ごろな価格ながら極めて高品質となり、故障の少なさ、耐久性の高さは世界的に評価されることとなった。条件が厳しいエリアほどその評価は高く、例えば中東ではレクサスは砂嵐の中、高速で安心して走れる唯一の高級車と言われているし、中東のテロリスト集団が好んで使っているのはハイラックスである。極地に向かう探検隊に選ばれるのはランドローバーでもGクラスでもなくランドクルーザーである。

ＪＤパワーの調査でもトヨタは高い評価を得続けている。普通の人が自動車を買うに当たって「安心・信頼」ほど重要なブランドイメージはないと考えられるが、そのイメージでトヨタは抜きん出ているのである。もうひとつ、トヨタのブランド力が全世界的に高い理由がある。これも社是のひとつである「現地現物」に由来する。現地現物はもの作りの現場を重視するというところからスタートしているが、マーケティングにおいても現地のユーザーの声を何よりも重視する姿勢を貫いている。それゆえ日本、アメリカ、ヨーロッパ、アジアで売っている車種やデザインは大きく異なる。トヨタはそれぞれのマーケットで求められるものを提供しようとするので、どの地域でも多くの人に受け入れられやすいブランドとなるのだ。トヨタの目標はその時その場所で「多くの人に愛される」ことであって、自らの主張を声高に叫んだりはしない。つまり自らのブランドイメージを戦略的に構築しようという発想がない＝そもそもトヨタにはブランド戦略というものはないのである。

トヨタのブランドイメージは、個性やデザインや走り味で作られたものではない。その製品作りの姿勢と実績こそが、トヨタの強力なブランドイメージを形成しているのだ。現在、ＢＥＶ化を急速に進めようとする自動車会社が海外に多いが、トヨタはＢＥＶも開発しつつもマルチソリューションを一貫して主張している。これは地域によって所得レベルやインフラが異なり、現時点で世界中のすべての人にBEVを売ることは不可能であり、グローバルなCO_2削減のためにはあらゆる解決策を用意しなければならないという、まさに「現地現物」に基づいた考え方である。

ところで、トヨタにブランド戦略がないという事実を示す例がある。トヨタは戦後まもなくの頃、GMの戦略をお手本としたことがある。GMはシボレー、ポンティアック、オールズモビル、ビュイック、キャデラックとキャラクターの異なる複数のブランドを使い分け、顧客から見ると別メーカーのように見せることで同じエリアで複数の販売店を持っていたのだが、それに着目したトヨタは1950年代半ばに、それまでのトヨタ店のほかにトヨペット店という販売チャネルを作った。車名も「トヨペット」を使ったが、トヨタ店で売るクラウンまでトヨペット・クラウンとして売るなどブランド的には混乱した（クラウンは1971年までトヨペット・クラウンだった）。その後パブリカ店（後のカローラ店）、オート店、ビスタ店と系列を増やしていった。しかし各車種のブランドはトヨタに統一され、販売店によって取扱車種が異なるだけという、GMの本来のブランド戦略とはかけ離れたものになった。ユーザーから見ると極めてわかりにくいこの施策は、トヨタがGMのブランド戦略を本質的に理解していなかったために生じたと考えられる（2020年にこのチャネル制は廃止された）。

「安心・信頼」が何よりも重要なマスマーケットでは強力なブランド力を発揮して大きなシェアを取ることができたトヨタだが、一方でそうでない、エモーショナルな要素が必要なマーケットでは強みを発揮できない。そのため高級車領域では、1989年にレクサスブランドを構築する必要に迫られた。しかし結局のところ、レクサスが選ばれる理由はトヨタと同じ「安心・信頼」となっているのが現状である。スポーツモデルもトヨタブランドでは苦しい。「安心・信頼」の裏返しで、無難指向の退屈な人が選ぶブランドというイメージも定着しているからだ。トヨタは様々なスポーツモデルを出してきたが、一部の例外を除いて今ひとつ自動車マニアの間での人気は高まらなかった。

そこで展開を始めたのがＧＲである。まずモータースポーツ活動を「トヨタガズーレーシング」と名付け、ＧＲをその象徴とした。そして生産車にスポーティな味付けをしたグレードにＧＲと名付け、通常のモデルとの差別化を図った。さらに、スポーツモデルは車名そのものにＧＲを加え、スープラは「ＧＲスープラ」に、86（欧州ではＧＴ86）は「ＧＲ86」としたのである。この戦略は功を奏し、ル・マン24時間レースやＷＲＣ（世界ラリー選手権）での大活躍もあって、一般的なトヨタのイメージとは異なるマニアックなブランドイメージを形成することに成功しつつある。その意味でトヨタはブランド戦略をものにしつつあるともいえるだろう。

レクサス
「LSが醸成した日本車の高品質イメージ」

Japanese car brands

レクサスは１９８９年、アメリカにおいて誕生したブランドだ。実はその誕生には政治的背景があった。１９７０年代アメリカでは2度のオイルショックに見舞われ、燃費が良く高品質な日本車の評価が非常に高まった。一方のアメリカのビッグスリーの製品は燃費が悪いだけでなく、その品質にも大きな問題を抱えていた。１９８０年代になると日本車の人気は決定的となって、アメリカのビッグ3は揃って赤字となり、日米貿易摩擦という政治問題にまで発展していく。そこで政治的な解決策として日本車の輸出自主規制が行われることとなった。１９８１年のアメリカへの輸出台数を１６８万台に規制するというもので、１９８０年実績の１８２万台よりかなり少ない数字であった。

日本車に対する需要が増えるばかりの状態で、台数に大きく制限をかけられたわけで、完全に需要過多の状態に陥ったわけだ。そうなると日本車を扱うディーラーは販売価格にプレミアムを付けて売るようになった。つまり定価よりも大幅に高い価格でも日本車は売れたのである。販売数に上限がある以上、このままではディーラーを潤すだけなので、日本車メーカーはラインナップをより高級・高価なモデルにシフトする必要性に迫られたのだ。しかし、それまでの日本車のイメージは小型大衆車であり、販売上は小型大衆車がメインであることはかわらないので、車格にふさわしいブランドを新たに構築する必要があった。先鞭をつけたのはホンダで1986年にレジェンドを擁してアキュラを立ち上げた。アキュラは評判となり、レジェンドは売れたものの2・7ℓV6エンジン搭載のレジェンドでは十分なステータス感を醸成できなかった。アメリカでは高級車といえば大排気量のV8というイメージが根強く、V6では力不足だったのだ。

1989年、トヨタはレクサスを、日産はインフィニティを、ともにアメリカでは重要なV8エンジンを搭載した本格的高級車を擁して立ち上げた。代表車種はインフィニティはQ45、レクサスはLS400（日本ではセルシオの名で売られた）である。そのほか、どちらもV6エンジンを搭載した廉価モデルとして、インフィニティはM30（日本ではレパード）、レクサスはES250（日本ではカムリ・プロミネント）が用意された。しかし両者のスタンスは大きく異なり、インフィニティは日本の伝統的文化に基づいた、新しい高級車像という情緒的なアプローチでプレミアム性を構築しようとしたのに対し、レクサスはもの作りに徹底的にこだわって、欧米の高級車をはるかに超える品質や機能という実質的価値で勝負に出たのである。

レクサスはプロダクトだけでなく、ディーラーサービスにも徹底的にこだわり、それまでのアメリカのディーラーでは考えられなかったような手厚いおもてなしを提供した。プロダクトとディーラーサービス両面で統一されたイメージを構築することで、レクサスのブランドイメージを早期に形成しようとしたのである。また、レクサスの広告コミュニケーションでは「完璧への飽くなき追求」というブランドスローガンを用いたキャンペーンを展開した。レクサスの製品としての素晴らしさをわかりやすくクールに訴求する内容で、レクサスブランドの構築に大いに貢献した。もっとも有名なテレビコマーシャルはシャシダイナモの上に載せたLSのボンネットの上にシャンペングラスのタワーを作り、時速145マイル（233km／h）相当までタイヤを回転させても、シャンペンタワーは微動だにしない、ということをアピールするものだった。

この当時、アメリカ車は高級車であっても品質は悪く、また欧州プレミアムブランド車もステータス感は高かったもののトラブルは多く、品質イメージは必ずしも高くなかった。このアプローチは日本車の高品質イメージを有効に活用しつつも、トヨタブランドとの車格的な差別化に成功した。結果としてレクサスは、瞬時にアメリカにおけるプレミアムブランドとしての、独自のポジションを確立することに成功できたのである。

一方ヨーロッパやアジアにおいては、状況は少々異なっていた。アメリカほどの販売台数を見込めなかったせいか、レクサス車をトヨタディーラーで併売してしまったのである。クルマそのものは高く評価されたが、「トヨタのレクサスという車種」という形で捉えられ、トヨタブランドとの差別化ができず、ブランド構築がうまくいかなかったのである。

アメリカで大成功を収め、プレミアムブランドとしてイメージを確固としたレクサスだが、その後迷走を始める。そのきっかけとなったのは、1993年に追加されたGS300である（日本ではアリスト）。LSはその静粛性と乗り心地が高く評価され、スタイリングも正統派のオーソドックスなものだった。ＥＳも性格やスタイリングテイストがＬＳに似たものであったが、ＧＳはまったく異なる、アグレッシブでスポーティなスタイリングのモデルだった。乗り味も静粛性や快適性を重視したとはいえないもので、それまでに築き上げてきたレクサスのイメージとはかけ離れたものだった。広告でも制作者は悩んだようで「ＴＨＥ ＮＥＸＴ ＬＥＸＵＳ」という苦しいコピーとなり、テレビコマーシャルも機能訴求が一切ない情緒的なものとなった。

１９９８年にはカムリベースのＳＵＶ、ＲＸ３００（日本ではハリアー）が追加される。乗用車ベースで快適性も高いＳＵＶとして人気となり、レクサスの主力モデルとなっていく。レクサスの象徴であったＬＳの存在感は少しずつ薄れていき、レクサスの主力車種はＲＸとＥＳというプレミアムブランドとしては比較的廉価なモデルになっていった。ＬＳのアメリカでの販売台数は１９９０年の４万２８０６台をピークに、２０１０年までは1万台以上をキープしていたものの、２０２２年には２６７９台にまで減少している。ＬＳはレクサス全体の約26万台の１％に過ぎないのだ。

現在の最量販車種はＲＸで、ＮＸ、ＥＳと続く。この3車種で全体の7割以上（２０２２年）を占めている。こうなると当初のブランドスローガンは説得力を失い、２０１７年に〝Ｅｘｐｅｒｉｅｎｃｅ Ａｍａｚｉｎｇ〟と変更した。しかし何を提供するブランドなのかは非常にわかりにくくなっている。アメリカではブランドとして定着しているので販売は安定しているものの、近年はライバルのメルセデス・ベンツやＢＭＷに大きく水を開けられている（２０２２年　レクサス：約26万台、メルセデス・ベンツ：約35万台、ＢＭＷ：約33万台）。欧州では一貫して販売は苦戦しており、２０２２年は3万８３６６台に留まっている（メルセデス・ベンツ：約64万台、ＢＭＷ：約60万台）。

日本でのレクサスブランド導入は２００５年と大幅に遅れた。この理由は日本にはクラウンがあり、トヨタディーラーで高級車を売ることに問題がなかったことと、トヨタブランドの上に別ブランドを作ることに当時の豊田英二会長が難色を示したからといわれている。そのため日本でもドイツプレミアムブランドが販売台数を伸ばし、無視できなくなってきた２００５年というタイミングになったのだ。日本ではもともとトヨタのブランドイメージが非常に高く、ディーラー整備に十分な投資をしたこともあり、現在ではレクサスの販売台数はメルセデス・ベンツやＢＭＷを大きく引き離し、圧倒的な強さを見せている。

２０２１年12月、トヨタの電動化戦略発表会で、２０３５年までにレクサス全車種をＢＥＶにすると発表した。一般的に高価格でも売れるプレミアムブランドはＢＥＶ化をしやすい（ＢＥＶを売りやすい）ため、トヨタもそれに倣ったということであろう。つまり、これからはレクサスをＢＥＶ化の戦略ブランドとして位置づけるということだ。レクサスのＢＥＶは、まだｂＺ４Ｘと共通プラットフォームのＲＺと、発売から３年以上経過したＵＸ３００ｅしか正式には発表されていないため、これからの方向性については判然としないが、今後はトヨタの電動化戦略の先鋒となったレクサスに注目である。

ホンダ
「かつての個性的なブランドに戻るかマス路線を選ぶか」

Japanese car brands

ＨＯＮＤＡ。日本でもっとも美しく、かつロマンチックなストーリーを持つ自動車ブランドであると私は考えている。世界的に見ても量産車メーカーでこれほど甘美な歴史をもつブランドはないと思う。創立者、本田宗一郎は幼少のころから車に魅了され、15歳で東京の自動車修理工場「アート商会」に丁稚奉公する。戦後、庶民の足を提供するべく「原動機付き自転車」の生産を始めた。１９４８年、42歳で本田技研工業を設立し、翌年発売したドリーム号が大ヒット、１９５２年には従業員１３００人の会社に急成長した。

創業からわずか6年後の１９５４年、宗一郎はとんでもない宣言をする。当時のモーターサイクルレースの最高峰、マン島ＴＴレースに出場するというものだ。宗一郎はかつてアート商会時代にも、ライディングメカニックとして同乗して第5回日本自動車競争大会で優勝を飾っていたほどのレース好きだったが、どうせレースをやるなら世界一になりたい、と思ったのだ。そして5年後の１９５９

年に125ccクラスで初出場を果たす。まだ製品の輸出も始まっておらず、日本には舗装されたサーキットがひとつもなかった時代の話である。初戦ながらも最上位は6位を獲得、4台が完走し、メーカーチーム賞も獲得した。この成果により、ヨーロッパでのホンダの知名度はまだ製品が売られていないにもかかわらず一気に高まったのである。

1960年には125ccと250ccの2クラスに参戦、125ccでは2位、250ccでは4位入賞を果たす。そして翌1961年はロードレース世界選手権にフル参戦し、マン島TTでは125ccと250ccの2クラスで1〜5位を独占する快挙を成し遂げる。1962年には125cc／250cc／350ccでシリーズチャンピオンを獲得する。怒濤のような快進撃である。

そして四輪車市場への進出と同時に、四輪の最高峰であるF1参戦を決意。当初はロータスと提携し、エンジンサプライヤーとして参戦する予定だったが破談となり、エンジンだけでなくシャシーも製造するフルコンストラクターとしての参戦となった。ホンダ初の四輪車である軽トラック、T360発売翌年の1964年ドイツGPから参戦。2年目の1965年、1500cc時代の最終戦であったメキシコGPで初優勝を遂げる。翌1966年にF1は3000ccとなるが、その2年目の1967年イタリアGPで歴史に残る接戦の末に優勝する（F1は1968年限りで撤退した）。

そのころ、世界各地で自動車の排気ガスが原因となる大気汚染が問題となっていた。1970年12月、アメリカで1975年モデルから排気ガスの有害成分を、10分の1に規制するというマスキー法が成立する。この規制値は当時の技術水準では非常に厳しく、ほとんどの自動車メーカーは達成不可能と主張していた。しかし本田宗一郎はこれをホンダの技術力をアピールする絶好の機会と捉えた。

そして導き出した答えが、副燃焼室を使うことで希薄燃焼を実現するCVCCというシステムである。CVCCは触媒等の後処理装置なしでマスキー法をクリアすることができたのである。

1971年2月、マスキー法発効からわずか2ヶ月後にマスキー法をクリアできるエンジンの開発に成功したと発表する。そして1972年10月にCVCCエンジンを発表、世界をあっと言わせた。翌1973年にはCVCCエンジンを搭載したシビックが発売される。シビックCVCCは排気がクリーンであるだけでなく燃費にも優れ、アメリカで燃費ナンバーワンのクルマとなった。

シビック以降も1970年代から1980年代にかけて、アコード、プレリュード、CR-Xなどデザイン面でも斬新なモデルを次々と輩出し、技術力だけでなく日本車としては非常に垢抜けた都会的なブランドイメージを築きあげた。特にアメリカでの人気はすさまじく、1980年代のディーラーでは希望小売価格を大きく上回るプレミアム価格で販売していたほどである。

1983年にはF1に復帰し、1986~1991年まで6年連続でチャンピオンとなった。その高性能イメージをストレートに感じさせるVTECエンジンやタイプRモデル、NSXなども相まって、世界中に強烈な印象を残して高性能イメージをさらに高めることになった。そしてF1参戦第2期の最後のチャンピオンイヤーである1991年に宗一郎は84歳の生涯を終えることになるのである。

このように煌びやかなヒストリーを紡いできたホンダだが、本田宗一郎が亡くなって以降、雲行きが変わってくる。大きな節目となったのが1994年に発売したオデッセイの大成功だったように思う。当時日本ではRV（リクリエーショナル・ビークル）の大ブームが起こっていたが、ホンダは都会的でスポーティなイメージを大切にしてきたため、RVがラインナップになかった。そこでアコードをベースに7人が乗れるクルマを作り上げたのがオデッセイである。オデッセイは他のRVほどレジャーイメージが強くなく、セダンからの乗り換えに抵抗感を感じさせない絶妙なモデルだった。オデッセイは日本におけるミニバンブームを生み出し、1995年には当時の大メジャーモデルであるトヨタ・マークⅡを凌ぐ販売台数を達成した。

これをきっかけに日本市場において、ホンダはトヨタと真正面にぶつかるような実用本位のクルマ作りにシフトしていく。しかしトヨタとの戦いでは苦戦することが多かった。軽自動車でも実用本位なクルマ作りにシフトし、2011年に発売したN-BOXが大ヒット。ダイハツやスズキと競うようになり、日本市場での販売の主力は軽となってしまった。

一方、1982年に現地生産を開始したアメリカではアコードが大人気で、乗用車市場のトップを争うまでになった。そのためアコードやシビックといった基幹車種はアメリカ市場にフォーカスしたクルマ作りに変容していく。アメリカ市場に特化したモデルは、日本やヨーロッパでは受け入れられず販売は低迷していき、それがより一層ホンダ主力モデルの「アメリカ車化」を推進することとなった。そのためかヨーロッパでは近年ではシェア1%未満にまで落ち込んでしまっている。

このようにホンダは地域によってラインナップも状況も大きく異なり、グローバルなブランドイメージが構築できていないのが問題である。F1は2021年限りで撤退を発表したものの結果的に参戦を続け、2023年現在、圧倒的な成績を上げているが、実際の商品作りの方向性は必ずしもF1のイメージとマッチしているとは思えない。

2021年4月、ホンダは2040年に販売のすべてをBEVとFCV（燃料電池車）にすると発表した。Ｆ１撤退の発表もその流れに沿ったものであった。しかしその動きの要となるはずだったＧＭとの共同開発は２０２４年に大型ＳＵＶを出すものの、量販車種の共同開発はキャンセルとなった。２０２０年に発売したＢＥＶのＨＯＮＤＡ ｅは２０２４年１月で生産終了となり、Ｆ１にもレギュレーションが変わる２０２６年以降も参戦し続けることが決定している。ソニーとの提携も、その目的が今ひとつ不明瞭だ。２０３０年までに２００万台超のＢＥＶ／ＦＣＶを生産するとしているが、２０２４年現在あと６年しかなく、本当に実現できるのか疑問が残る。２０４０年の１００％ＢＥＶ／ＦＣＶ化の看板は下ろしていないが、かなり迷走しているように見える。モータースポーツやスポーティモデルをブランドイメージの核とした、個性的なブランドに戻るのか、シェアを重視したトヨタ的なマスブランド路線を進むのか、ホンダは今非常に難しい岐路に立っている。

企業規模としても販売台数５００万台というのは、マスブランドとしては小さく、個性と独自価値で売るプレミアムブランドとしては大きいという中途半端な規模だ。ＦＣＡとＰＳＡが合併してステランティスになったことでもわかるように、これからのマスブランドは今以上に規模が重要になってくるだろう。マスブランドを目指すなら、他社との合併も検討しなければならないかもしれないのだ。ホンダは果たしてどのようなブランドを目指すのか。どちらにせよ、明確かつ長期的なブランド戦略を構築しなければならないだろう。

日産
「ダットサンやプリンスなど多彩なブランドを活かせば」

Japanese car brands

日産自動車の起源は、１９１１年に橋本増治郎によって設立された快進社自動車工場である。橋本はエンジニアで、アメリカの蒸気機関製造工場で働いた経験があり、その時にアメリカの自動車産業に触れ、自動車に関心を持ったという。快進社は当初輸入車の組み立てと販売、自動車整備をメインに行っていたが、自動車の研究も行い、独自車両の開発に乗り出した。

１９１４年に水冷V型２気筒15馬力のエンジンを搭載した第１号車が完成し、快進社設立時に出資した３人（田健治郎、青山禄郎、竹内明太郎）の頭文字を取って、ＤＡＴ号と名付けた。しかし生産は順調とはいえず１９２５年、快進社はダット自動車商会となり翌年実用自動車製造と合併してダット自動車製造となった。ダット自動車製造は小型乗用車の生産にも乗りだし、ＤＡＴのＳＯＮ（息子）という意味のダットソンと命名したが、「損」を連想するということでダットサン（ＤＡＴＳＵＮ）と改名した。

しかし1925年にはフォードが日本に進出、1927年にGMも進出し、日本で自動車の製造を開始すると経営はさらに厳しくなり、戸畑鋳物という会社の傘下に収まることとなった。戸畑鋳物を経営していた鮎川義介は久原鉱業（現在のJX金属につながる）の社長にも就任し、社名を日本産業と改めた。一方でダット自動車製造は、1933年に石川島自動車製作所と合併し、自動車工業株式会社となったが、鮎川はその乗用車製造部門を独立させ、日本産業からも出資をして1934年に日産自動車と名付けたのである（残ったトラックを主に製造する自動車工業株式会社は、その後いすゞとなる）。ここでダットサンを製造する日産自動車、という形が完成する。戦後、日産は英オースチン社と提携し、オースチン車の生産を始め、その技術をベースに戦後型のダットサンを開発した。このダットサンは1958年に豪州ラリーに挑戦し、クラス優勝を遂げている。

ところで現在の日産ブランドを語る上で忘れてはならないのは、1966年に吸収合併したプリンス自動車工業の存在である。なぜならば、現在の日産のブランドイメージを形成している要素のうち、プリンス由来のものが大きな比重を占めているからである。プリンス自動車工業は戦前の立川飛行機出身のエンジニアによって作られた東京電気自動車株式会社がその母体で、ガソリン車主体に変更し1952年にプリンス自動車と改名した。

プリンスは優秀な元航空エンジニアを多数抱え、先進技術を次々に投入した。1962年に鈴鹿サーキットが完成するとモータースポーツにも積極的に関与し、1964年に登場した小型車スカイラインにグロリア用の6気筒エンジンを搭載したスカイラインGTは日本中に衝撃を与えた。スカイラインGTは第2回日本グランプリで今でも語り継がれるポルシェ904との激闘を演じたのである。

プリンスはポルシェを打倒すべく純レーシングカーR380の開発も行うが、そのような技術偏重な経営姿勢が祟って経営難となり、日産に吸収合併されることになったのだ。そのためプリンス系の車種も日産ブランドで売られることになるが、スカイラインにR380由来のS20エンジンを搭載したスカイラインGT-Rはまさにプリンスの技術の集大成であり、その開発をリードした桜井眞一郎もプリンス出身のエンジニアである。その後日産はR381、R382と高性能レーシングカーを開発するが、その開発を統括したのも桜井だった。スカイラインも7代目まで桜井が開発を主導、GT-Rが復活することになる8代目のR32もプリンス出身の伊藤修令が開発している。日産のラリー活動はブルーバード、フェアレディZなど日産系の車種・技術中心だったが、レース活動ではプリンス系の技術が中心だったのだ。今も日産を象徴するGT-RとフェアレディZだが、その源流はこのように異なるものなのである。

ところでダットサンというネーミングであるが、日本では大衆車にはダットサン、高級車にはニッサンという使い分けがしばらく続いた。ブルーバード、サニーはダットサンで、セドリック、ローレルはニッサンといった形である。フェアレディはZ以前はダットサンで、Z以降はニッサンとなった。プリンス系の車種はニッサンが使われ、1970年にデビューしたチェリーは、もともとプリンスで開発が進められていた経緯があったからか、大衆車であるにもかかわらずニッサンが使用された。ブルーバードは910の世代（〜1983年）まで、サニーは310の世代（〜1981年）までダットサンが使われた。ダットサンとニッサンでディーラーが別れていたわけでもなく、この少々わかりにくい状況は1980年代になって解消され、ニッサンに統一された。

一方、海外市場では一貫してダットサンが使われていた。例えばフェアレディZはダットサン240Zと呼ばれ、ブルーバードはダットサン510ないしダットサン1600（国によって異なる）と呼ばれており、日本のようなペットネームは付けられていなかった。ダットサンという名前は浸透していたが、日本においてダットサンが廃止された1980年代、海外でもダットサンの使用をやめる方針が打ち出され、1986年をもって海外でもブランド名はニッサンに統一された。高い認知度を達成していたダットサンをやめることに関してはアメリカの販社やディーラーからは猛反対があったらしいが、世界的にブランド名を統一したいという目的と、企業名とブランド名を統一したいというIR的な目的があったといわれている（マツダやスバルは逆に企業名をブランド名に変更している）。

ところが2012年になって、ダットサンを復活させると発表する。新興国向けの廉価ブランドとしてダットサンを復活させたのである。2014年にインドをはじめ、インドネシア、ロシア、南アフリカなどで発売された。しかし明示的に「新興国向け」としたことが徒となって、売れ行きは芳しくなく、2022年にダットサンブランドは再び幕を閉じることになった。

日産は1989年、高級プレミアムブランドとしてインフィニティを立ち上げた。アメリカでは販売網もニッサンとは異なる独自ブランドとしての立ち上げだったが、日本では車種名として立ち上げることになった。アメリカ以外の海外では当初展開されなかった。トヨタのレクサス、ホンダのアキュラと比べ、インフィニティの販売は低調だった。35年が経過した今、インフィニティの販売は続いているが、「インフィニティとはどういうブランドなのか」ということを未だに形成することができていない。西ヨーロッパ市場からは２０２０年をもって撤退し、現在は事実上北米と中国のみのブランドとなっている。

このように、ブランド視点でみると、日産は混乱に満ちた歴史を持っているといえるだろう。これからの日産はどうあるべきか。日産は世界的にみても先駆けてＢＥＶの大量生産・大量販売に乗り出したが、現状ではその先行者利益をほとんど享受できていない。逆に現状ではｅ－ＰＯＷＥＲ、すなわちシリーズハイブリッドに活路を見いだそうとしているようだ。ヨーロッパでは今後販売する車種はＢＥＶとｅ－ＰＯＷＥＲのみにするとしているし、日本では販売の主力はすでにｅ－ＰＯＷＥＲとなっている。

ＢＥＶ化を進める上では高価格で売れるプレミアムブランドが重要だが、アメリカでしか通用しないインフィニティブランドではなく、プリンスブランドを復活させるべきと考える。インフィニティには語るべき歴史も伝統もないが、プリンスには様々な語るべき歴史があり、プリンス・ロイヤルという宮内庁発注による究極のプレミアムモデルを製作した実績もある。皇室との関わりは日本出自のプレミアムブランドとしては非常に重要なストーリーだ。そもそもプリンスという名はそのストーリーにふさわしい。創業当時は電気自動車メーカーだったという歴史的事実もある。そしてＧＴ－Ｒは本来プリンスのものだ。当面はシリーズハイブリッドを中核としたマスブランドとしてのニッサンと、ＢＥＶと高性能車を核としたプレミアムブランドのプリンスというブランド構成が理想的だと思うのだが、いかがだろうか。

マツダ
「唯一無二のユニークな存在を目指せるか?」

Japanese car brands

マツダは、1920年に設立された東洋コルク工業がその母体である。東洋コルク工業はコルク製品を製造していた広島の個人経営の会社が経営難に陥った際、広島財界の名士が集まって株式会社化したものである。その名士のひとりが松田重次郎だった。重次郎はその2代目の社長に就任する。しかし1925年、工場が火災に遭って焼失してしまう。その再建に際し、重次郎は従来のコルク生産に加えて機械製造も始めることとし、社名を東洋工業と改める。当初は海軍関連の機械部品の製造が主だったが、独自の製品開発を模索し始める。そして目を付けたのが自動車だった。当初は自動2輪車の開発に着手するが、より大きな需要を見込めた3輪トラックの開発に集中するようになる。

東洋工業はエンジンから車体まで一貫した生産を目指した。1930年に試作車が完成、翌年から量産を開始した。車名はマツダDA型と名付けられた。マツダの名はもちろん社長の松田が由来だが、ゾロアスター教の神アフラ・マズダとも重ね合わせたためアルファベット表記はMAZDAとしたのである。興味深いのは、このDA型に記されたロゴである。それはスリーダイヤモンドの上にMazdaと記されたものだった。その理由は東洋工業には販売網がなかったため、販売は三菱商事に委ねたからである。

3輪トラックは順調に販売を伸ばしたが、第二次世界大戦で軍需生産にシフトせざるを得なくなる。原爆で甚大な被害を受けた広島であったが、東洋工業は爆心地から5㎞ほど離れていたため、工場の損害は限定的だった。終戦直後から部品の調達網を再構築し、終戦後4ヶ月の1945年12月には3輪トラックの生産再開に漕ぎ着ける。1950年には4輪トラックの生産を開始し、3輪トラック市場ではトップシェアを獲得するまでに成長した。1960年には念願の乗用車の生産に乗り出す。最初の市販車はR360クーペというスタイリッシュな2+2の軽クーペであった。R360は当時の軽自動車としては唯一の4ストロークエンジンを搭載していた。価格が30万円と競合車より安かったこともあり、発売初年度に2万3417台を売り上げ、軽乗用車市場のシェア64・8%という大ヒットとなった。

翌1961年にはバンケル社・NSU社とロータリーエンジンに関する技術提携を行った。しかし開発元のNSU社ですら実用化には困難を極めたロータリーエンジンは、マツダでも実用化までに長い年月を必要とした。様々な技術的問題を解決し、1967年にコスモスポーツとして結実する。同年、NSU社もロータリーエンジンを搭載したRo80を発売するが、トラブルが多発して経営が傾き、1969年にフォルクスワーゲン傘下になってしまい、ロータリーエンジンは封印されることになる。他社もロータリーエンジンの開発を諦める中、マツダは世界で唯一ロータリーエンジンをものにした会社となったのである。こうしてロータリーエンジンはマツダを象徴する技術となった。

デザイン面では、1962年にベルトーネと提携することで、スタイリッシュなファミリアやルーチェといったモデルを産んだ。このようにマツダはスタイリッシュで独自技術を持った個性あるブランドとなっていく。しかし構造上燃費が悪いロータリーエンジンは石油ショックで逆風となり、量販車種からロータリーエンジンは姿を消していき、燃費より性能を重視するスポーツカー、スペシャリティカーのみに採用されるに留まるようになっていった。しかし新たなロータリーエンジンの象徴となったRX-7は国内外で人気となり、マツダの象徴的な車種となった。

レシプロエンジン中心になったマツダだが、BD型ファミリア、ロードスターなど、マツダらしいスタイリッシュでスポーティなヒット作を次々生み出すが、無理な販売チャネル拡大政策とバブル崩壊により経営はさらに悪化してしまう。結局1996年に実質的にフォード傘下に入り、社長もフォード出身者となった。フォードは当時欧州のプレミアムブランドを数多く買収し、マルチブランド戦略を取っていた。それぞれのブランドの役割を明確にしつつ、コンポーネントの共通化などでコストダウンを図るやり方である。フォード傘下となったマツダもフォードグループの中での位置づけを明確化した上で再構築する必要があった。

フォード主導でこの作業は進められ、マツダは心ときめくドライビング体験を提供するブランドと定義された。そして2001年に創り出されたのが、「Zoom-Zoom」というキャッチフレーズである。Zoomは英語の子供言葉で「ブーブー」といった意味で、マツダは運転してワクワクさせるクルマをつくるブランドと印象づけた。このブランド定義により、車種によってまちまちだったデザインテイストや乗り味が統一されていった。しかし販売の現場では依然として目先の販売が優先され、大幅な値引きが日常的に行われ、いわゆる「マツダ地獄」という状態が続いていた。

２００８年、フォードが保有株式の大部分を売却、フォード傘下から離れることとなった。フォードから独立するということは、自由にクルマ作りができる反面、フォードのスケールメリットを生かしたローコスト生産もできなくなることを意味する。もう値引きで売ることはできないのだ。そこで取った戦略がＺｏｏｍ-Ｚｏｏｍという個性を生かしつつ、デザインやメカニズムの付加価値を高め、より高価な値付けを可能にするプレミアム化戦略である。この戦略の鍵となったのが「魂動デザイン」と「スカイアクティブ・テクノロジー」である。

この2つの要素を併せ持つ初めての製品、ＣＸ-５は洗練されたスポーティなスタイル、低圧縮ディーゼルというユニークな技術を持ち、走らせるとＳＵＶとは思えない軽快でワクワクできる乗り味のクルマだった。その後に発売されたモデルも魅力的なデザインを持ち、内外装の質感も新しいモデルが出るたびに向上していった。新デザインの販売店は黒を基調とした高級感あるものとなり、輸入車の客でも不満を感じさせないものとなった。マツダ車の販売単価は大きく上がり、値引き幅も縮小し、輸入車から乗り換える人も現れ、プレミアム化は順調に進んでいった。

このプレミアム路線をさらに一段レベルアップすべく投入されたのが新開発のラージプラットフォームである。現在ではプレミアムブランドのＤセグメント以上でしか見られないＦＲ方式を採用したプラットフォームで、エンジンも直列6気筒を新開発した。これはマツダがプレミアム領域に進出することを明確に宣言したようなものである。このプラットフォームを使ってまずは4車種を展開することが発表されている。

しかし、まだマツダにはまだ迷いがあるようだ。せっかくのFRプラットフォームでありながらプレミアムにふさわしい価格付けができていないのだ。上限こそ600万円台半ばと今までのマツダのレベルを大きく超えているが、最廉価モデルは300万円台前半で、CX-5の最廉価グレードと30万円ほどしか違わない。目玉の3・3ℓ直列6気筒エンジンを搭載したモデルでも300万円代半ばからとCX-5より割安感すら感じる設定だ。今までの顧客を考えると廉価グレードを設定したくなるのだろうが、実際によく売れているのは500万円以上のグレードで、価格はプレミアム性をもっとも表す部分なので残念である。

2023年11月、発電専用ではあるが、ロータリーエンジンを搭載したMX-30ロータリーEVを発売した。マツダはまだロータリーエンジンを諦めていなかったのである。ロータリーエンジン以外にも直列6気筒ディーゼルや世界に唯一無二の存在であるロードスターもある。マツダは他社にはないユニークな商品で熱烈なファン層を持っている。現在以上のマスブランドにはなり得ないだろうが、このユニークさこそがマツダの存在価値なのである。

スバル
「水平対向エンジンこそ熱狂的に愛される理由」

Japanese car brands

スバルは戦前の中島飛行機株式会社がその母体である。中島飛行機は当時日本最大の飛行機メーカーであり、隼や疾風といった名戦闘機を生みだした。戦後中島飛行機は富士産業と名を改め、様々なものを作り始めるが、その中のひとつにスクーターがあった。ラビットと命名されたこのスクーターは、1947年に発売されると大ヒット商品となった（ラビットは1968年まで生産された）。

しかしGHQの命令により富士産業は解体され、12社に分割された。そのうち富士精密工業と富士自動車工業（バスを製作していた）、大宮富士工業の3社共同で乗用車の開発がはじまり、P-1というプロトタイプが完成した。しかし富士精密工業はその後、プリンス自動車となるグループに入ることとなり、生産化には至らなかった。

朝鮮戦争が勃発すると、GHQは日本企業にも航空機の製造を認めるようになる。1953年に12社のうちの5社が出資し、航空機製造会社として富士重工業が設立された。翌1954年、富士重工業は出資した5社を逆に吸収合併し、ひとつの大きな会社となる。スバルのエンブレムに採用されている六連星（むつらぼし）はこの6社を統べるという意味が込められている。六連星はプレアデス星団の和名だが、昴（すばる）とも呼ばれているため、製品にスバルと名付けられることとなった。

富士重工業は航空機の生産からスタートするが、自動車の開発もすぐにスタートする。最初の製品となったのは、1957年に発売された、通産省の国民車構想に基づいて開発された軽自動車規格のスバル360である。設計は中島飛行機時代に航空機エンジンの開発に携わっていた百瀬晋六である。スバル360は飛行機の胴体設計ノウハウを応用したモノコックボディを持ち、サスペンションは4輪独立懸架、空冷リヤエンジンというユニークなものだった。ルーフに当時の新素材FRPを採用しているところなど、シトロエンDSにも通じるところがある。エンジンは16PSだったが、車重は385kgと超軽量で、当時としては十分な性能だった。全長3m以下でありながら4人が乗ることが可能で、軽乗用車の中心的な存在となった。スバル360は1970年まで作られた。

その次に開発された乗用車、1966年発売のスバル1000も極めてユニークな設計のクルマだった。スバル360とはまったく異なる、フロントオーバーハングにアルミ合金製水平対向4気筒エンジンを搭載した前輪駆動方式が採用されたのだ。フロントブレーキは、トランスミッション側に配置されるインボード方式が採用された。設計したのはスバル360と同じ百瀬晋六である。前輪駆動車を作る上で最大の障壁となっていたドライブシャフトにダブルオフセットジョイントという等速ボールジョイントを世界で初めて実用化し、前輪駆動車の欠点を解消することに成功した。

スバル360とレイアウトは異なるが、限られたサイズの中で最大の室内空間を作り、最小のエンジンで十分な性能を確保しようという設計思想はまったく同じである。このスバル1000のユニークなレイアウトは現在に至るまでスバル車を象徴する技術的特徴となる。全長が短く、重心が低く、回転バランスに優れる水平対向エンジンを縦置きにレイアウトし、左右等長のユニバーサルジョイントを採用するこの方式は、当時としては前輪駆動のレイアウトとして理想型だった。このレイアウトはその後、シトロエンGSやアルファロメオ・アルファスッドにも採用されることとなる。

このレイアウトにはもうひとつ大きなメリットがあり、縦置きギアボックスがエンジンの後方にあるため4輪駆動車が作りやすく、また左右対称のバランスが良いものになることだった(その後、スバル自身シンメトリカルAWDと呼ぶようになる)。この特性は当初から理解されており、1972年、レオーネのエステート版に4WD仕様が追加される。センターデフのないパートタイム方式の4WDであったが、量産乗用車ベースの4WDとしては世界初となったのである。1975年にはセダンにも4WD仕様が追加された。これも世界初の4WDセダンとなった。1986年にはフルタイム4WDに進化する。そしてこの「縦置き水平対向4気筒エンジン+4WD」が、スバルをスバルたらしめる技術的特徴となったのだ。

1989年、技術的特徴を引き継ぎつつ、ほぼすべてが新設計となったレガシィが登場する。このレガシィに搭載されたのがその後のスバルの中核となり、30年以上にわたって生産されることになるEJ型エンジンである。EJ型も水平対向4気筒という伝統に準じたもので、ターボ化することで高出力に対応することができた。そしてこのレガシィでWRCに挑戦することになる。そのため1988年にモータースポーツ関連会社としてSTI(スバルテクニカインターナショナル)を設立した。１９９０年、イギリスのプロドライブ社と組んでＷＲＣに本格参戦する。１９９３年にはひと回り小型で、よりスポーティなインプレッサを主力とすることで競争力がアップし、１９９５年から１９９７年まで3年連続でマニュファクチャラーチャンピオンとなった。ＷＲＣでは通算47勝を挙げて、スバルの世界的な高性能イメージアップにつながった。このようにして独自の技術と高性能イメージにより、日本ではスバリスト、北米ではＳＵＢＩＥと呼ばれるスバル以外のクルマには目もくれないほどスバルを愛する熱狂的なファンが数多く生まれることとなった。

さて、このような熱狂的なファンに支えられているスバルであるが、今後はどのように展開していくのであろうか。電動化、ＢＥＶ化が進んでいる昨今ではあるが、現状ではスバルの技術的特徴は堅持されている。水平対向エンジンを量産しているブランドは、スバル以外にはポルシェしかない。ポルシェも水平対向エンジンを使っているのは９１１と７１８、つまりスポーツカーのみで、生産量が多いのはＶ８／Ｖ６／直4という普通のエンジンである。ほぼすべてのモデルが水平対向エンジンを搭載しているスバルは極めてユニークであり、それこそがスバルが熱狂的に愛される所以なのだが、これをいつまで堅持できるかという問題がある。

水平対向エンジンはその宿命として、燃焼効率が悪いという問題がある。まず、水平対向エンジンは必然的に横に広いためロングストローク化が困難という点だ。最近のエンジンは燃費性能向上のためにロングストローク化する傾向があるが、水平対向はショートストロークとせざるを得ない。もうひとつの理由は重力でオイルが落ちにくいため、オイルが抵抗になってしまう点だ。電動化が進むといっても当分は内燃機関が残るが、CO_2の削減、つまり燃費の向上は避けて通ることはできない。

ハイブリッド化で燃費の欠点はある程度補えるが、燃焼効率の悪さはどうしてもついて回る。このあたりの問題はロータリーエンジンと似たものがある。

２０２３年8月、スバルの電動化計画がアップデートされた。２０２６年までに4車種、２０２８年までに4車種を追加して合計8車種のＢＥＶを発売するとしている。２０２８年のアメリカでのＢＥＶ販売40万台を目指すとしているが、現在のアメリカでの販売台数は約60万台である。販売台数の伸びを勘案しても、半分以上をＢＥＶに置き換える計画だ。現状、アメリカでのＥＶ比率（ソルテラ比率）は約5％にすぎない。はたして水平対向エンジンのないスバルにＳＵＢＩＥがついてきてくれるのだろうか。

世界全体でも２０３０年にＢＥＶ比率50％を目指すとしている。今まではメカニズムで差別化してきたスバルだが、ＢＥＶが主流になった時、「スバルらしさ」とは何かを明確に確立することができるだろうか。その確立こそ、これからのスバルに課された最大の問題だと言えよう。

車名を使い回すのはなぜか？

世界170ヵ国以上で販売されているトヨタ。日本にいると、日本で売られているトヨタ車が世界中で売られていると思ってしまうが、現実には日本で売られているモデルでアメリカ、ヨーロッパ、中国すべてで展開されている車名は意外と少ない。この4地域すべてで売られている車名はカローラ、ランドクルーザー、RAV4、GR86、スープラ、bZ4X、MIRAIの7つに過ぎない。カムリは最近まで全地域で売られていたが、日本での販売が終了してしまった。プリウスは現在中国では売られていない。

このように、トヨタ車といっても各地で売られている車種は様々なのである。さらに、同じ車名を冠していても中身はまったく異なる、というケースもある。例えばヤリス・クロス。ヨーロッパと豪州では基本的に日本と同じものが売られているが、東南アジアではダイハツのDNGAプラットフォームで作られたデザインもまったく違うものだ。ヤリスもインドや中東、ラテンアメリカで売られているものは新興国用に開発されたもので、日本やヨーロッパで売られているものとは異なる。ヤリスは2020年までアメリカで売られていたが、アメリカのヤリスは、なんとマツダ2のOEMでバッジとグリルを変えたものだった。

日本でしか売られていない、というモデルも存在する。センチュリー、アクア、ノア、ヴォクシー、ルーミー、そしてすべての軽モデルは日本でしか売られていない。アルファード／ヴェルファイアも日本専用車だったが、アジアで人気となり、当初並行輸入だったが、今では左ハンドル版も作られ、アルファードはアジアにおける高級車の定番となっている。

事実上アメリカ市場のみを対象としたモデルとしては、大型ピックアップのタンドラとそれをベースとしたSUV、セコイアがある。アメリカでは大型のピックアップトラックの市場が大きく無視できないため、専用車が必要だったのである。

ヨーロッパ専用車といえるのがアイゴである。ヤリスよりさらに小さいAセグメントを担うモデルで、当初PSAと共同で開発され、プジョー、シトロエンブランドでも兄弟車が作られた。なお、3代目となったアイゴXはトヨタ単独の開発となっている。

面白いのは、日本ではすでに廃版となっている車名が海外でまったく異なるかたちで使われているケースがかなり多いことだ。まずは中国で売られているレビン。レビンは今でも人気の高いAE86に冠されていた名前だが、2000年に廃止された。中国ではカローラセダンは第一汽車と広州汽車で生産されているが、広州汽車で作られている方は、よりスポーティな外観を持っており、それをレビンとしてカローラとは別車種として販売しているのである。またカローラのロングホイールベース版には日本では2021年に廃止となったアリオンという名が使われている。

2020年、アフリカ市場でスターレットの名が復活している。スターレットは1999年にヴィッツの登場とともに廃止された車名だ。
しかし復活したスターレットは、なんとインドで生産されているスズキ・バレーノのOEMなのだ。一方ヴィッツは海外では当初からヤリスという名で販売されており、現在の世代から世界共通化のため、日本でもヤリスの名で売られることとなり、2020年にヴィッツは廃止された。ヴィッツは日本でのみ使われた車名だったが、2023年、南アフリカで復活している。これもスターレット同様、インドで生産されているスズキ・セレリオ（日本では販売されていない）のOEMなのである。

このような複雑な車名の体系になるのは、トヨタが地域の事情に合わせた、きめ細かな商品展開をしていることが根底にある。これだけ多種多様な製品作りをしているメーカーは他にない。同じ車名を地域によって異なるモデルに展開したり、使わなくなった車名を復活させたりするのは、商標登録上の事情から生まれたものだと思われる。商標登録はいわば「早いもの順」であり、他社が登録していない新しい車名を創り出すのは大変な作業なのだ。

アメリカ車ブランド

American car brands

GM
「かつてのブランド王国が狙う電動化による逆転劇」

American car brands

ゼネラルモーターズ。日本語で言えば「総合自動車」という意味だろうか。本書では様々な自動車ブランドを取り上げてきたが、ＧＭは自動車ブランドではない。ＧＭは企業名であって、消費者と向き合っているのは、シボレーやキャデラックといった製品ブランドである。このような複数のブランドを活用して、ごく初期から戦略的にマルチブランドを展開し、フォードを凌ぐ規模にまで大成長したのがＧＭなのである。

創設者ウィリアム・Ｃ・デュラントは、１８８６年創業のデュラント・ドート馬車会社を経営し、１９００年にはアメリカ最大の馬車会社にまで成長していた。デュラントは自動車に関心はなかったが、１９０４年に自動車会社ビュイックを買収した。ビュイックは１８９７年創業でアメリカ最古の自動車会社のひとつだったが、プロトタイプを生産するのみで市販には至っていなかった。１９０４年からモデルＢの販売を開始するが、初年度の生産台数は37台と微々たるものだった。しかしデュラントは経営手腕を発揮し、ビュイックの新工場を建設、１９０５年には７５０台を生産した。その後生産台数は順調に伸びていき、１９０８年には８８００台に達し、ビュイックはアメリカ最大の自動車会社にまで成長した。

１９０８年、他の自動車会社も買収するため、持ち株会社としてゼネラルモーターズ（ＧＭ）を創立する。ＧＭという名は、エジソンが興したＧＥ（ゼネラルエレクトリック）を範としたという。ＧＭは、設立当初から巨大企業化を見据えて既存の自動車会社を買収するという、企業経営的視点でスタートしたのだ。１９１０年までにオールズモビル、キャデラック、オークランド（後のポンティアック）をはじめ、短期間に多くの自動車会社を傘下に収めた。このような性急な買収が経営を圧迫し、社を追われることとなったデュラントは、レーシングドライバーだったルイ・シボレーとともにシボレーを設立する。シボレーは大成功し、その資金で再びＧＭの経営権を手に入れ、シボレーもＧＭの傘下とした。

しかし資金面でデュラントを支えていたデュポン家は、そのデュラントを追い出して後に名経営者となるアルフレッド・スローンを社長に据え、今に至る「ＧＭ帝国」の基礎が築かれることとなる。ＧＭの買収攻勢はアメリカ国内にとどまらなかった。１９２５年にイギリスのボクスホール、１９２９年にはドイツのオペル、１９３１年にオーストラリアのホールデンを買収、まさにグローバル企業となった。１９２７年には日本にも進出、大阪に工場を建設し、シボレーなどを生産した。

ＧＭのユニークなところは買収した企業のブランドをそのまま活用し、ＧＭの名を一切出さないことである（例外は商用車ブランドのＧＭＣ）。そしてブランドの序列と性格付けを明確に分けて、異なるターゲット層を幅広く押さえるマーケティング手法を早い時期から展開した。その当時、T型フォードに集中して大量生産していたフォードとは対照的なやり方だ。エンジンやシャシーなどは共通化を進めてコストダウンを図りながら、各ブランドで性格（ターゲット層）とクラス（価格帯）を分け、販売台数と収益性を高める戦略である。

ベーシックな大衆車であるシボレーを土台に、スポーティで派手なポンティアック、やや保守的な中級グレードのオールズモビル、アッパーミドル向け上級グレードのビュイック、豪華な高級車のキャデラックとし、販売網も分けることで、消費者からはそれぞれ別のメーカーのように見えるようにしたのである。欧州やオーストラリアでは、あたかも地元ブランドであるかのごとく感じさせることに成功した。

GMが取り入れた、もうひとつの画期的なマーケティング手法が「モデルイヤー」、つまり「○○年型」という形で、毎年デザインを変えて旧モデルの陳腐化を図るやりかたである。メカニズムはほとんど変えないまま、内外装を一新して「新型」を大々的に訴求したのである。これらの施策は大成功し、1920年代末にはフォードを抜いて、世界最大の自動車会社となったのである。ブランドの買収はさらに続き、1990年にサーブを買収、2001年に韓国の大宇を買収（2011年に韓国GMとなりシボレーブランドに）した。

買収によってだけではなく、GMはまったく新しいブランドも生み出している。日本にも進出して一時話題となったサターン、日本の芸能人やスポーツ選手の間で一時期人気となったハマーなどがそれにあたる。さらに技術的にも世界をリードし、1962年にターボチャージャー付きエンジン、

1966年に燃料電池EV、1973年にエアバッグ、1975年に触媒コンバータなど、様々な技術がGMから生まれている。

長年にわたり栄華を謳歌したGMであるが、21世紀に入ったあたりから状況は一変する。多数のブランドを抱えているためマーケティングコストが嵩み、ダウントレンドとなると経営は厳しくなる。2000年にオールズモビルの廃止を発表、2004年に廃止となった。2008年に77年にわたって守り続けた世界ナンバーワンの座をトヨタに明け渡し、その後、販売台数が減る中、固定費の削減は進まず、2009年に16兆円もの負債を抱えて破綻。アメリカ政府の資金投入と大リストラでなんとか生きながらえることとなった。

リストラ後のGMにかつての「ブランド王国」の面影はない。欧州系ブランドはPSAに売却し、欧州から事実上撤退した。GMの中核ブランドだったポンティアックを廃止し、一世を風靡したサターンやハマーをも廃止、サーブは売却（その後消滅）、オセアニア市場からも撤退（ホールデンは廃止）した。今や残っているブランドはシボレー、ビュイック、キャデラック、GMCの4つのみとなった（中国にJVブランドが2つある）。

販売地域も大きな偏りを生じている。GMは1997年に中国に進出し、ビュイックブランド車の生産に乗り出した。販売は順調に推移し、今では中国は北米を抜いてGMの最重要市場となっている。中国ではアメリカ文化に憧れる若年層が多いことが成功の背景にある。

中国での成功により、ひと息ついた形のGMだが、2大市場だけに依存する状況はリスクも大きい。販売台数も2016年の約1000万台から減少を続けており、2022年には600万台を下回った。世界ランクは5位にまで落ち込んでいる。現在のＧＭが保有するブランドでは、アメリカと中国以外の市場で拡販するのは難しいだろう。小型車を生産していた韓国でも工場を２つ閉鎖し、韓国市場での市場シェアは2％程度と存在感は非常に小さくなっている。

２０２１年、ＧＭは10年間の成長戦略を発表した。10年で売上高を倍増する計画だが、その中核にあるのはＢＥＶ化だ。２０２５年までに３５０億ドルをＥＶに投資、２０２５年にアメリカのＢＥＶ市場でトップを狙い、ソフトウェア分野にも積極的な投資を行うというものだ。それを象徴するかのように、ＧＭのロゴマークを電気コンセントをイメージするものに変更した。しかし、この戦略は早くも見直しを迫られている。ＢＥＶ市場は想定したほど伸びておらず、圧倒的なＢＥＶ市場のリーダーであるテスラですら、価格競争による収益低下に晒されている。２０２５年に１００万台のＢＥＶを生産するという計画だったが、ＢＥＶが思ったように売れずディーラー在庫は増え、値引き額が増大しているのが実情だ。電動ピックアップトラックの生産の延期やホンダとの共同開発の中止など、計画には逆風が吹いている。

アメリカでのＧＭの主力商品はピックアップトラックで、全体の約40％を占める。アメリカのピックアップトラックは巨大で走行距離も多いため、バッテリーは大容量にならざるを得ず、必然的に価格は高くなる。ピックアップトラックのＢＥＶを売るのは並大抵ではないはずで、ＢＥＶトラックで先行しているフォードは、税控除があるにもかかわらず販売は低調である。ＢＥＶ化の道は一筋縄ではいかないだろう。おそらく戦略の見直しは不可避だと思われる。

テスラ
「アーリーアダプターからアーリーマジョリティへの転換期」

American car brands

テスラはイーロン・マスクの会社というイメージが強いが、彼が作った会社ではない。2003年にマーティン・エバーハードとマーク・ターペニングによって作られた会社である。エバーハードは電気エンジニアで、電子書籍リーダーを作るヌーボメディアという会社を立ち上げていた。スポーツカーに対する関心が高かったため、地球温暖化対策として電気で走るスポーツカーを考え始めたのである。また電子書籍リーダーの開発で、リチウムイオン電池に対する知見もあった。

エバーハードはACプロパルジョンという会社が試作したtzeroという電動スポーツカーに注目した。tzeroは当初鉛バッテリーを使っていたが、エバーハードはリチウムイオン電池の使用を勧め、技術援助すると同時に資金援助も行った。tzeroの市販化を強く勧めたエバーハードだったが、ACプロパルジョンに拒絶され、自らBEVを作ることを決意、テスラ・モータースを設立する。エバーハードとターペニングがBEVの市場性を確信したのは、当時富裕層の間でプリウスがスラに由来している。

大流行しており、「環境派アピール」できる商品の需要の高まりを感じたからである。なお、テスラという社名はセルビア人で誘導モーターや変圧器、無線トランスミッターなどを発明したニコラ・テスラに由来している。

一方、ペイパルの成功で財を成したイーロン・マスクは、リチウムイオンバッテリーを搭載したtzeroに試乗して感銘を受け、ACプロパルジョンに市販化を勧めるが拒絶されたため、テスラに出資することとし、2004年にテスラの会長となった。テスラが産声を上げた当時のBEVは試作車的なものばかりで、性能は最低限、見た目の魅力にも欠けていた。誰もがBEVの本格普及は当分ない、と考えていた時代である。そのような状況の中で、彼等が最初に取り組んだのが、電動オープン2シーターースポーツカーである。tzeroからの流れとして当然の帰結ではあった。モーターは台湾の富田電機、インバーターも台湾の致茂電子が担当した。パソコン向けのリチウムイオン電池を大量に使う方法はACプロパルジョンの発案である。

2008年に発売されたテスラ・ロードスターはロータス・エリーゼのシャシーをベースとした軽い車体を採用し、53kWhの重いバッテリーを搭載しながら車重は約1300kgに抑えられた。加速性能は0-60マイル（約96km／h）で3・7秒と加速性能に限れば当時のスーパーカーを超える性能を実現したのである。

高価なオープンスポーツカーであれば、自ずと購入者はクルマを何台も持っている富裕層に限られるので、価格はもとよりBEVの欠点である航続距離や充電時間、充電場所の少なさはそれほど問題にならなかった。ハリウッドの有名スターもこぞって購入し、テスラは〝斬新な高性能スポーツカーブランド〟としてスタートしたのである。

　こうしてステータス性の高いブランドと見られるようになったテスラが、次に送り出したのが2012年発売の大型高級セダン、モデルSである。大型高級車であれば多くのバッテリーを搭載するスペースがあり、高価格になっても問題はない。モデルSはロードスターの加速性能を引き継ぎながら航続距離も十分で、新しいステータスカーを求めていた富裕層が争うように購入した。モデルSにより、テスラは「進歩的で知的な富裕層の乗るプレミアムブランド」に進化したのである。モデルSは2015年にはアメリカでメルセデス・ベンツSクラスの販売台数を凌駕し、ラグジュアリーカーセグメントのナンバーワンモデルとなった。

　このような、名実ともにステータス性の高いプレミアムブランドとなったテスラが、3万5000ドルというボリュームレンジの価格帯に投入したのが、2016年に発表されたモデル3である。発表と同時に熱狂的な支持を集め、2017年の発売前に予注が50万台に達した。テスラはクルマを売るだけでなく、BEVの最大の欠点である充電環境を整備すべく、高出力のスーパーチャージャー網も整備した。またオートパイロットをベータ版レベルで販売したり、既存自動車メーカーがどこも採用しなかったギガプレスを導入したりするなど、伝統的な自動車メーカーが行わないような革新的な取り組みも行った。先進的なブランドイメージとBEVとしての利便性の両面で他社を圧倒的に凌駕する存在となったテスラは、BEVの世界で圧倒的なポジションを築くことに成功したのである。

　モデル3をベースにしたSUV、モデルYも大成功し、サイバートラックも話題を呼び、既に25万台以上の注文を集めているようだ。販売、ブランドイメージ両面では極めて順調に推移してきたテスラだが、果たして将来はバラ色なのだろうか。まず大きな問題は、その圧倒的な人気による急激な販売台数の増加にあると思われる。モデル3によってアメリカでの販売台数は一気に4倍にふくれあがった。モデル3は既に乗用車セグメントのベスト10に入るメジャーモデルになっている。つまりテスラは、量的にも価格帯的にもプレミアムブランドからマスブランドへ移行しつつあるのだ。そのためか、モデルSとモデルXの販売は極端に落ち込んでいる。ポルシェやメルセデス・ベンツといった、強いステータスイメージを持ったブランドがBEV参入しており、モデルSからの買い換えも多いという報道もある。

マスブランドになるということは、アーリーアダプターではない、一般消費者も相手にしなくてはならないことを意味する。テスラはディーラーを持たないので、サービスや修理という面で顧客の不満は大きいが、顧客数が増え一般客が増えると、さらに問題は大きくなるだろう。

また、モデル3とモデルYの2モデルが販売のほとんどを占めるため、数が増えすぎるとありふれた存在になってしまう恐れがある。プリウスも一時期は環境派アピールができる車としてある種のステータスがあったが、数が増えすぎたことで一気にステータス性を失ってしまった。テスラに同じことが起こるのは時間の問題とも言えるのだ。

さらに問題なのは、競争の激化だ。今まではBEVといえば事実上テスラのみといった状態が続いてきたが、欧米だけでなく中国メーカーも怒濤のごとくBEV市場に参入してきている。最大のBEV市場である中国では、すでにテスラは優位なポジションにあるとは言えず、地元メーカー間の値下げ競争に巻き込まれている。値下げしても価格競争力のあるBYDに圧倒されているのが現状だ。

2023年1-10月のデータでは中国の新エネルギー車（BEV+PHEV+FCV）市場におけるBYDのシェア35%に対し、テスラは7・5%に過ぎず、3位の広州汽車AIONは6・4%と迫っている。

BEVの問題点（充電スポットの少なさ、充電時間の長さ、価格の高さ、リセールバリューの低さ）は世界的に明らかになってきているため、市場の伸びは鈍化しているが、各社から発売されるBEVは今後ますます増える見込みだ。各社がバッテリー生産量を劇的に増加させたため、バッテリーの原材料コストは上昇傾向にある。つまり競争は激化するが、コストは高まるのだ。

今まで広告を一切行ってこなかったテスラだが、2023年から実験的にではあるが、ネット上で広告を開始した。BEV市場がアーリーアダプターからアーリーマジョリティに移る局面での象徴的な出来事だろう。競争激化の影響で、販売台数が伸びているにもかかわらず企業収益も低下している。値下げを余儀なくされているためで、2023年第3四半期の純利益は19億ドルで、前年同期の33億ドルから大きく低下しているのだ。株価も2021年に400ドルを超える局面があったが、2023年は250ドルあたりで推移している。これからのテスラは非常に難しい舵取りを強いられるはずである。少なくとも今までのような急激な成長を続けることは不可能だろう。10年後のテスラがどのようなブランドになっているか予想することは極めて困難である。

今は亡きブランド

自動車が産まれて約140年。今までに数多くの自動車ブランドが生まれてきた。しかしその中には一世を風靡しながらも現在では存在しないブランドも数多い。そんな「今は亡きブランド」について、国別に紹介しよう。

まずはアメリカから。アメリカは近年の自動車産業の衰退により、比較的最近メジャーブランドが消滅した事例が多い。GMはオールズモビル、ポンティアックという長年主要5ブランドの一角を占めていたブランドを廃止してしまった。それぞれのブランドで独自のディーラー網を築いていたのだが、その維持と車種開発のコストが負担となってしまったからだ。鳴り物入りで立ち上げたサターンも今はない。

マーキュリーも大衆車フォードと高級車リンカーンの間を埋めるブランドとして長年展開してきたが、2011年に廃止となった。クライスラー（現ステランティス）のブランドではプリムスが廃止され、クライスラーブランドも風前の灯火である。戦前勢いのあったブランドとしてはスチュードベーカーとパッカードが挙げられる。どちらも高品質なクルマを作るメーカーで、特にパッカードはアメリカを代表する高級ブランドだった。しかし、ビッグスリーの価格競争に巻き込まれ、両社は合併するものの1966年に幕を閉じることになる。

イギリスは自動車ブランドの墓場といってもいい状態だ。イギリス車の全盛期だった1950～1960年代の2大ブランドだったオースチンとモーリスは完全に消滅（その1車種だったMINIのみ残った）、ローバーはランドローバーにその名を残すのみだ。MGは中国のブランドとして生き残っているが、かつてのMGとはまったく違うものとなってしまった。高級車とスポーツカーブランド以外で生き残っているイギリスブランドは、ボクスホールくらいではないか。ボクスホールも戦前にGMに買収され、オペル車のイギリス版として生産されたため、生き残れたといっていいだろう。そのボクスホールは今やステランティス傘下である。

フランスでの今は亡きビッグネームとしてまず浮かぶのがパナールである。パナールは自動車創生期に生まれたブランドで、現在に至るFR車の基本構造システム・パナールを発明したブランドでもある。第二次世界大戦後はオールアルミの小型車など先進的な設計で熱烈なファンも存在したが、経営難となりシトロエンに吸収されてブランドは消滅した。またクライスラーに買収されたシムカやタルボ、マトラなども、クライスラーが欧州から撤退した際にPSAに売却され、最終的には消滅の憂き目を見ることとなった。

ドイツの主要ブランドはその強さを維持しているが、NSUやDKWといったブランドは消滅している。NSUはロータリーエンジンの開発で知られるが、それが徒となってロータリーエンジン搭載車Ro80でトラブルが多発して経営難となり、フォルクスワーゲンに吸収された。DKWはアウトウニオンの4つの輪のひとつで、戦後アウトウニオンが復活した際はその主要ブランドだった。しかしアウトウニオンがフォルクスワーゲン傘下に入るとブランドをアウディに集約することとなり、ＤＫＷは消滅した。

　イタリアはもともとフィアット一強という国で、比較的知られた量産ブランドで消滅したのはアウトビアンキとイノチェンティくらいだろうか。ランチアは近年イタリア市場のみ、イプシロン１車種のみという危機的な状態だったが、ブランドとして再生されることが決まり新型車が登場した。

　日本の消滅した自動車ブランドで特記すべきはプリンスであろう。プリンスはスカイラインＧＴやＲ３８０といった高性能車を生んだブランドで、日産に吸収合併されたがしばらくは日産の名の下でその技術は輝きを魅せていた。スカイラインＧＴ-Ｒのエンジンもプリンス由来のものだ。いすゞも乗用車ブランドとしては消滅してしまったブランドだ。１１７クーペやピアッツァという日本車離れした流麗なモデルは、今でも多くの人の心に刻まれているはずだ。

イギリス車ブランド

British car brands

ロールス・ロイス
「もっともBEVに向いたブランド」

British car brands

世界中の誰もが最高級車として認知しているブランド、ロールス・ロイス。その2つのRのひとつ、チャールズ・ロールスは貴族階級出身で、自動車の魅力に取り憑かれていた。まだ18歳だった1896年、当時自動車先進国だったフランスに行き、プジョーを購入する。その後パナールも購入し、モータースポーツにも積極的に参戦した。

大学卒業後、当時の高級・高性能車であるフランスのパナールや、ベルギーのミネルヴァを輸入する会社を立ち上げ、ロンドンに大きなショールームを開設した。売れ行きは良かったが、扱う商品がすべて外国製だったことがイギリス貴族であるロールスには不満だった。もうひとつのR、ヘンリー・ロイスはたたき上げの職人で、20歳の時に電気器具工場を設立する。ロイスは発明家ではなかったが完璧主義者であり、彼の作る製品は高品質で耐久性も高く評判となり、会社は順調に発展していた。

ある程度財を成したロイスは1902年、フランスのデコービルという自動車を購入する。しかしロイスにとってその品質と作りの悪さは耐えられないものだった。改良のための部品を製作したものの、最終的にすべて自製しなければ満足するものができないと悟り、独自のクルマを作り上げることを決意する。

ロイスは1904年、2気筒10HPモデルを完成させる。10HPはオーソドックスな設計だが非常に高い工作精度で造られていた。この試作車が優れたイギリス製のクルマを求めていたロールスの目にとまり、ロイスに独占販売を申し入れる。そしてロールスはこのクルマにロールス・ロイスと名付けて即座に生産・販売することにしたのである。ロールス・ロイスとなった10HPは、この時点で既にパルテノン神殿をかたどったラジエーターとRを2つ重ねたエンブレムを備えていた。豊富な資金源を得たロイスは矢継ぎ早に3気筒15HP、4気筒20HP、6気筒30HPと開発し、その高い品質は評判を呼び、イギリス貴族階級に瞬く間に浸透していった。

ロイスは最高のクルマを目指すべく、ガソリン車の活発さと電気自動車の静粛性を併せ持つことを目標とした。当時、ガソリンエンジンはまだ未成熟で、電気自動車とガソリン車は拮抗していたのである。ロールス・ロイスの名声を決定づけたのは、設立2年後の1906年に登場した、新設計の6気筒7ベアリングエンジンを搭載した40／50HPである。ロイスこだわりの精緻なクルマ作りにより素晴らしい静粛性と信頼性・耐久性を備えていた。このモデルの実力を実証するため、1万5000マイルに及ぶ耐久性を実証する公開テストを行った。テストに供された個体はシルバーに塗られており、静粛性をアピールするため「シルバーゴースト」というニックネームが与えられていた。このテストは大成功を収め、以降、このモデルはシルバーゴーストいう名で販売されるようになった。ロールス・ロイスは1922年までシルバーゴースト1車種のみの展開だったが、このシルバーゴーストによってロールス・ロイスは圧倒的な品質と静粛性で世界的な名声をごく短期間で築きあげることに成功したのである。

その後1922年に小型の20HP（通称ベイビーロールス）も追加され、シルバーゴーストはファントムに進化した。1931年にはベントレーを買収し、オーナードライバー向けのブランドとした。その一方、第一次世界大戦で航空機の重要性が明らかになり、ロールス・ロイスも航空機エンジンの開発に乗りだした。第二次世界大戦が勃発すると、ロールス・ロイスは航空機エンジンの開発製造に専念する。「マーリン」エンジンはイギリスを代表する戦闘機スピットファイアやハリケーン、米軍の名機P-51マスタングなどに搭載され大活躍する。

戦後はジェットエンジンも開発し、企業としては航空機エンジン中心の会社となった。1973年に自動車部門は分離独立し、ロールス・ロイス・モーターズとなる。1980年にヴィッカース社がオーナーとなるが、1998年に売却の意向を示したことでフォルクスワーゲンとBMWによる買収合戦となった。ロールス・ロイス・モーターズはフォルクスワーゲンが買収したものの、ロールス・ロイス商標権は自動車分野に関しても航空機エンジンメーカーのロールス・ロイスが所有しており、ロールス・ロイスブランドはBMWが獲得することになった。これには航空機エンジンメーカーのロールス・ロイスとBMWは当時業務提携をしていたことが背景にある。

ただし、複雑なことにスピリット・オブ・エクスタシー（ロールス・ロイスのラジエーターの上にマスコット）と、フロントグリルの意匠権はロールス・ロイス・モーターズのものだったため、BMWは、フォルクスワーゲンとその譲渡を巡る交渉に当たらざるを得なくなった。一方で当時発売されたばかりのロールス・ロイス・シルバーセラフとベントレー・アルナージのエンジンは、BMWが供給しており、フォルクスワーゲンも、しばらくはBMWにエンジンの供給を継続してもらう必要があった。交渉の結果、2002年まではロールス・ロイス・モーターズがロールス・ロイスとベントレーを作り、2003年以降ロールス・ロイス・モーターズはベントレー・モーターズと改称してベントレーのみを生産することとし、BMWは独自にロールス・ロイスを作るということで決着した。

BMWは自動車における商標権を持つだけだったので、まったく新しい会社と製造拠点と製品を作る必要があった。新社名はロールス・ロイス・モーター・カーズ、工場はイギリス南部のグッドウッドに建設された。そして2003年に登場したのがファントムである。その後、小型のゴースト、クーペのレイス、コンバーチブルのドーン、SUVのカリナンとラインナップが拡充された。

BMWにとってロールス・ロイスが難しいのは、BMWブランド車とのプラットフォームや部品の共用が困難なことだ。先代ゴーストはBMW7シリーズとプラットフォームを共用していたが、それでも部品の20％しか共用できなかった。新型ゴーストはよりロールス・ロイスらしい乗り味を実現するため、ファントム／カリナンと共通のアルミスペースフレームを採用した。現在BMWと共用しているのはエンジンとトランスミッション、エンターテインメントシステムやテレマティックスをはじめとした電装品関係が中心となっている。BMWとは大きく異なるブランド価値を維持強化していくためには避けられない道だったのであろう。

販売は順調に推移しており、2022年には6000台を超えるまでになった。6000台を超えたのは史上初である。増加の主な要因は他ブランド同様、SUVのカリナンである。新型ゴーストも好調で、アジア太平洋地域ではもっとも売れているモデルとなっている。顧客の様々な注文に応えるビスポークの発注も過去最高水準に達しているという。世界的に貧富の差は拡大しているので、長期的に見ても今後もロールス・ロイスに対する需要は増えることはあっても減ることはないと思われる。

2023年、初のBEVモデルであるスペクターの納車が開始された。スペクターの受注も好調らしい。2030年までに100%BEV化する予定というが、ロールス・ロイスの特性を考えれば、これほどBEVに向いたブランドもないといえる。なにしろ、無音・無振動に近い静粛性と滑らかさが特徴で、BEV的な乗り味を追求してきたブランドなのである。またロールス・ロイスの車体は大きく高価なので、大量のバッテリーを搭載することは難しくない。ほとんどのオーナーは大きなガレージのある豪邸に住んでいるはずで、充電設備を設置するのもまったく問題ないだろう。プライベートジェットも持っているとすれば、クルマで長距離移動する機会はそもそも少ないかもしれない。このように考えると、BEVの時代になってもロールス・ロイスの価値や存在感は盤石だろう。

ベントレー

「荘厳すぎずスポーティでパーソナルなイメージ」

British car brands

ウォルター・オーウェン・ベントレーは、鉄道会社の見習いエンジニアとしてそのキャリアをスタートし、そこで様々な技術の基礎を学んだ。1912年、兄のホレス・ミルナー・ベントレーと共にフランスのDFPという自動車の販売を行う会社「ベントレー・アンド・ベントレー」を設立する。しかしDFP車の性能に不満を持ったウォルターは、高性能化のためにピストンをアルミで作ることを思いつき、アルミピストンを用いた改良エンジンでブルックランズのレースに参戦するなどした。

だが、時代は第一次世界大戦に突入してしまう。ウォルターはイギリス空軍の戦闘機の性能を上げるべく、アルミピストンのノウハウを航空機エンジンメーカーに提供する。エンジニアとして評価の高まったウォルターに、イギリス海軍はまったく新しいエンジンの開発を委ねた。そうして作られた「ベントレーBR1」エンジンはイギリスの戦闘機に搭載されて活躍する。

戦後の1919年、ウォルターは自らのクルマを作るべく、ベントレー・モータースを設立した。

最初に開発した３ℓエンジンは４気筒ＯＨＣ４バルブという当時としては非常に進んだ設計だった。このエンジンを搭載した「ベントレー３リッター」は１９２１年に発売となり、その性能と耐久性は当初から評判となった。１９２２年にはインディアナポリス５００マイルレースに出場、完走を果たす。１９２３年にはル・マン24時間レースに参戦、４位に入賞し、翌１９２４年には優勝を成し遂げる。ベントレーの名声は一気に高まり、多くの富裕なイギリス人モータリストがベントレーを購入した。このモータリスト達はベントレー・ボーイズと呼ばれるようになる。イギリス留学中だった白洲次郎は１９２４年にル・マン24時間で優勝したベントレー・ボーイズのひとり、ジョン・ダフからベントレー３リッターを購入したといわれている（この白洲のクルマは埼玉県にあるワクイミュージアムに現存する）。ベントレー・ボーイズのベントレーは、１９２７年から１９３０年まで４年連続ル・マン優勝を果たす。優勝モデルは１９２７年が３リッター、１９２８年が４½リッター、１９２９年と１９３０年は６½リッター６気筒の「スピード・シックス」である。

　ここまではベントレー栄光の歴史であり、ベントレーのブランドイメージの礎もここにある。しかしながら１９２９年に世界恐慌が発生。高級・高性能車しかラインナップしていなかったベントレーはたちまち窮地に追い込まれ、１９３１年にロールス・ロイスに買収される。その後のベントレーは、ロールス・ロイスをベースとしつつ、ホイールベースを短縮して、エンジン性能を上げたオーナードライバー向け車種で構成するブランドとなっていった。価格もベントレーが若干安かったため、当初はロールス・ロイスよりベントレーの販売台数の方が多かった。しかし１９５５年のＳタイプ以降はロールス・ロイスと仕様差はなくなり、１９６５年のＴシリーズからは完全にグリルとバッジの違いだけとなった。このためベントレーの存在意義が希薄となり、生産台数はごく限られたものになっていった。

1980年代に入って、ようやくベントレーブランド復活の動きが始まり、ベントレー専用のターボモデルやベントレー専用ボディのコンチネンタルRが誕生し、生産数も徐々に増えていった。ベントレーにとって運命的とも言える出来事が起こったのは1998年のフォルクスワーゲンによるロールス・ロイス・モーターズ買収劇である。フォルクスワーゲンはブランドも含めたロールス・ロイス全体を買収したつもりだったが、ロールス・ロイスの商標権は自動車分野においても航空機エンジンメーカーであるロールス・ロイス社（1970年代初頭に航空機部門と自動車部門は分社されていた）が保有していたのである。それに気付いたBMWはロールス・ロイスの自動車分野における商標権を買ってしまったのである。そのためフォルクスワーゲンはロールス・ロイス・モーターズを買収したものの、ロールス・ロイスブランド車の生産ができなくなり、必然的にベントレーに専念せざるを得なくなったのだ。

2002年、フォルクスワーゲンは高級車フェートンをデビューさせたがまったく売れなかった。しかしながら2003年にそのフェートンをベースにしたベントレーブランド車を発売する。これがコンチネンタルGTで、瞬く間に大ヒットした。フェートンをベースとしていたためベントレーとしては割安な価格で、基本がフォルクスワーゲンの技術のため品質・信頼性も安定しており、顧客層が一気に拡大したことが成功の要因である。2005年に追加されたコンチネンタルGTの4ドアサルーン版たるフライングスパーもヒットし、ベントレーの生産台数は2003年の約792台から

2006年には約1万台にまでに急成長した。

2001年からはベントレーブランドのヘリテージとも言えるル・マン24時間に復帰、2003年には総合優勝を達成する。あまりに荘厳すぎ、ショーファードリブンのイメージが強いロールス・ロイスに対して、GTモデルを中核モデルとしたことと、モータースポーツ活動によりスポーティでパーソナルなブランドイメージを構築できたことも成功の要因であろう。ベントレーはメルセデス・ベンツとロールス・ロイスの間の価格帯を担うブランドとして定着したといえる。

一見、順風満帆なベントレーだが、経営状況は意外と安定していない。2006年に1万台を超えたが、その後リーマンショックの影響で販売は落ち込み、2009年には3637台にまで減少した。生産台数が1万台まで回復できたのは2013年である。2016年、SUVのベンテイガを追加したものの、ポルシェやランボルギーニのようにSUV追加による大幅な販売増とはならず、他車種が落ち込んでしまったため2020年まで生産台数は1万台前後で推移している。

明確に増加に転じたのは2021年からで、2022年は1万6365台にまで増加した。面白いのはベンテイガの比率で、全体の販売台数にかかわらず40~45%程度で推移している。ランボルギーニのウルス比率が58%、ポルシェのカイエン/マカン比率が61%(ともに2022年)であることと比較するとSUV比率が低めなのがベントレーの特徴である。

ベントレーの収益性は今まで低い水準で、赤字の年もあった。そのため2020年、唯一旧ロールス・ロイス・モーターズ時代を引き継いでいた高コストのミュルザンヌの生産を停止し、これですべてのベントレー車はフォルクスワーゲングループのプラットフォームとエンジンで構成されることとなった。これはロールス・ロイスの価格帯で戦うことを諦めたという風にも読める。

これからのベントレーはどのような方向に向かうのか。時代の要請でベントレーも電動化の波にさらされている。2020年、「BEYOND 100」という、創立から100年を超えた時代に向けた戦略を発表した。他ブランドと歩調を合わせるように、2030年に全車BEVとすることを目標とし、2025年以降毎年1車種、2030年までに5車種のBEVを発売するとしている。またその先駆けがベンテイガとフライングスパーに設定されたPHEVモデルである（コンチネンタルGTにもPHEVモデルが追加される）。

最近ではPHEVなどの電動化モデルだけでなく、内装材にもサステナビリティを意識した素材を使うなどしている。ベントレーCEOであるエイドリアン・ホールマークは「この先10年以内に、ベントレーモーターズは100年を超える歴史を持つラグジュアリーカーメーカーから、新しく、持続可能な、エシカルなラグジュアリーカーのロールモデルへと転換します」と発言しているが、ラグジュアリーとサステナビリティというのは本質的には矛盾した概念であり、それをどうやって実現していくというのだろうか。

MINI

「『車名』ゆえに強力だが応用が利きにくい」

British car brands

本書は自動車ブランドについて論じるのが趣旨だが、本項で最初にわき起こる疑問は、果たしてMINIはブランドなのか?というものだ。BMC(ブリティッシュ・モーター・コーポレーション)によって開発されたMINI、というよりADO15(オリジナルMINIの開発番号)は1959年にオースチンブランドとモーリスブランドで発売された。BMCは1952年にオースチンとモーリスが合併してできた会社で、オースチンとモーリスはまったく違うモデル体系だったが、スエズ動乱により石油価格が高騰し、急遽それまでの小型車よりも小さいモデルの必要性が出てきたため開発されたのがADO15で、そのため同じモデルを両ブランドで発売した背景がある。

車名はオースチンが「セブン」でモーリスは「ミニ・マイナー」である。セブンは戦前の小型車の車名を受け継いだもので、ミニ・マイナーはモーリスの主力小型車マイナーのさらに小型という意味である。海外市場では単にオースチン850/モーリス850と呼ばれた。つまり当初MINIは車名ですらなかったのだ。

1961年、MINIにとってその後大きな影響を与えるモデルが登場する。ADO15を設計したアレック・イシゴニスの友人で、クーパーF1チームのオーナーだったジョン・クーパーがADO15のポテンシャルに着目し、2人はADO15の高性能版を開発することとしたのだ。そうして誕生したのがミニ・クーパーで、「オースチン・ミニ・クーパー」「モーリス・ミニ・クーパー」という名で発売された。ここで初めてMINIという名が両ブランドで使用されたのだ。

ミニ・クーパーでオースチンも「MINI」を使うようになり、一般的な呼び方としても「MINI」が定着してきたので、1962年にオースチンも車名を変更し、「オースチン・ミニ」が車名となった（モーリスはミニ・マイナーのまま）。ミニ・クーパーはさらに高性能化し1964年には1275ccまで拡大したエンジンを搭載し、76PSまでパワーアップした。ミニ・クーパーはラリーやレースで大活躍し、モンテカルロラリーでは1964年、1965年、1967年と3回も総合優勝を挙げ、MINIにスポーティなブランドイメージを加えることになった。ちなみにワークスチームでのラリー参戦の際は1964年にはモーリスブランドだったが、それ以降は「BMC ミニ・クーパー」という名で参戦していた。

1969年、会社がブリティッシュ・レイランドとなると、オースチン／モーリスブランドから離れて、〝姓〟のない単なる「MINI」となった。オースチン、モーリスの2ブランド展開はモータースポーツ等でのプロモーション上、不都合な点が多かったからではないかと思われる。しかし、その結果、MINIは車名なのかブランドなのか不明確になった。明確なブランドロゴは存在せず、カタログ等ではＢＬのロゴが使われており、ブランド化したわけではないようにも見える。ちなみにミニ・クーパーは１９７１年をもって生産終了となった。

その後、１９８０年に会社名がオースチン・ローバーとなるとオースチン・ミニと〝姓〟が復活する。１９８８年、オースチンブランドが廃されて会社名がローバーとなると、ローバー・ミニとなるが、マーケティング上ではローバーは付与されないケースがほとんどで、車体にもローバーバッジは付けられなかった。日本だけは例外で明確にローバー・ミニと呼ばれ、一部車種にはローバーバッジが付けられた。１９９０年にミニ・クーパーが復活、以降はミニ・クーパーがＭＩＮＩを代表するようになる。このようにＭＩＮＩの表記や呼び方、ロゴやバッジには紆余曲折があり、ＭＩＮＩはブランドなのか単なる車名なのか曖昧なままＡＤＯ15時代の最後まで推移した。

ＭＩＮＩを本格的にブランド化しようと企んだのが、１９９４年にローバーを買収したＢＭＷである。ＢＭＷはアイコンとしてのＭＩＮＩに着目し、ベーシックなコンパクトカーから、コンパクトながらプレミアム性とファッション性を持ったグローバルモデルに進化させることとしたのだ。オリジナルＭＩＮＩは、グローバル展開をするには小さすぎ、その人気はイギリスと日本を中心とした局所的なものだったので、世界的に通用するものとしようというわけだ。

２０００年にＢＭＷはローバーを手放すが、開発が進んでいた新型ＭＩＮＩは有望だったため手元に残したのだ。そして２００２年にまったく新しいＭＩＮＩ、R50を誕生させた。この新ＭＩＮＩを発売するにあたり、大きな問題が発生した。新型ＭＩＮＩはＢＭＷとはまったく異なるキャラクターと価格帯と顧客層ゆえ、ＢＭＷと併売するわけにはいかなかった、そのためＭＩＮＩ専用のディーラー網を構築せざるを得ず、ＭＩＮＩをブランドとして定義することにしたわけだ。

ＢＭＷはローバー売却の際、トライアンフやライレーなどの歴史あるブランドも手元に残したが、それらを活用するのではなく、ＭＩＮＩそのものをブランドにすることを選択したのである。ブランドロゴはクーパーのエンブレムに用いられていた「ウイングロゴ」を採用した。そして戦略的にまったく新しいブランドイメージ構築に乗り出す。世界的にはアメリカなどＭＩＮＩの認知がほとんど無いエリアも多く、そうせざるを得なかったとも言える。

現在のＭＩＮＩのブランドイメージは、オリジナルＭＩＮＩのイメージは多少残しつつも、ＢＭＷが戦略的に構築したものなのである。小さいながらもやんちゃでスポーティなキャラクター付けとしたため、イメージリーダーかつ主力販売グレードをクーパーとした。しかし、その戦略は成功し、小型車にもかかわらずプレミアムというユニークなブランドに成長したのである。

新生ＭＩＮＩの初代モデル、R50は3ドアハッチバックとカブリオレの2タイプのみで世界的にヒットしたが、2代目（R56）になると販売台数の伸びは鈍くなり、新たなターゲット層の開拓が必要となった。そこでクラブマンを皮切りに、カントリーマン（日本名クロスオーバー）、クーペ、ロードスター、ペースマンと車種拡大を続けた。クラブマン、カントリーマンは成功したものの、それ以降の車種追加は販売台数増に貢献しなくなった。それゆえ現行型のF56世代になると、車種はある程度のボリュームが見込めるものだけに整理された。

現在のＭＩＮＩブランドの状況はどうなっているのだろうか。販売は２０１７年の約37万台をピークに低下に転じており、２０２２年は30万台を割り込んでいる。ＭＩＮＩのアイコンはＡＤＯ15という1車種に集約されているがゆえ、デザインモチーフはそこから離れることは難しい。ブランドキャラクターから考えて、カントリーマン以上の大型で高価なモデルを加えることも難しいだろう。ブランドの個性があまりにも強いため、ターゲットの幅を広げることも難しい。ここにMINIというブランドの難しさがある。コアなファン層は存在するが、販売台数も単価も増やすことが難しいのだ。

あくまで私見であるが、MINIはブランド構築の初動で誤った選択をしたと思う。強力だがイメージが固定した、応用が利きにくい特定の〝車種〟をブランドとしてしまったのである。これは初期こそうまくいったが、約20年という歳月の後、その限界が見えてしまっているのだ。現在進行中のBMWブランドの前輪駆動化の波は、このMINIブランドの限界から来る経営戦略上の余波と捉えることもできるのである。

2021年、BMWはMINIを2030年までに100%BEVのブランドとすると発表した。第4世代のMINIハッチバックは内燃機関版とBEV版があるようだが、技術的にはまったく異なるプラットフォームで作られるようだ。そしてこの第4世代が内燃機関を搭載する最後のMINIとなるという。BEVオンリーのSUV、エースマンも2024年4月に発表する。MINIにとって辛いのはMINIブランドである以上、サイズをあまり大きくできないことで、バッテリー搭載量に物理的に限度があることだ。短距離用途は問題ないが、現在のモデルの需要を完全に満たすのは難しいだろう。今後のMINIは台数的によりニッチなブランドとならざるを得ないのではないだろうか。

ジャガー
「美しいスポーツカーこそジャガーの象徴」

British car brands

１９２２年、ウィリアム・ライオンズとウィリアム・ウォームズレイが、ブラックプールにスワロー・サイドカー・カンパニーを設立したのが、ジャガーの始まりである。その後、サイドカー製作だけでなく自動車のボディ修理も手がけるようになり、それをきっかけにコーチビルダー業も始めた。ほどなくして、１９２７年にオースチン・セブンをベースとした四輪車の製作に乗り出す。ライオンズは当初から美しいデザインにこだわり、おしゃれなツートーン塗装なども用意し、それなりのヒット作となった。コーチビルディングが本業となったため、会社名もスワロー・コーチビルディング・カンパニーに変更する。生産台数が増えるにつれ、オースチン社の近くに移転する必要が生じ、場所をコベントリーに移した。

１９３２年、スタンダード社のエンジンとシャシーをベースとしたＳＳ１が登場する（ＳＳはスタンダード・スワロー頭文字）。この美しいデザインを持つＳＳ１はヒット作となるが、共同創設者のウォームズレイが会社を去ることになり、ライオンズは1934年に新会社、SSカーズを設立する。ライオンズはより高性能を目指し、エンジンの改良に着手した。サイドバルブからクロスフローOHVに変更、70PSから102PSへのパワーアップに成功した。この高性能エンジンを搭載し、シャシーも新設計の新型モデルを、従来のモデルとの差別化と高性能をイメージさせるためSSジャガーと名付けたのだ。

1935年に発売されたSSジャガーは高性能にもかかわらず395ポンドという低価格で発売され、エレガントでスポーティなスタイリングもあって大ヒットとなる。このオープン2シーターモデルは最高速100マイル（約160km／h）を達成し、SSジャガー100と呼ばれた。第二次世界大戦の勃発により1940年に生産は中断されるが、終戦を迎えた1945年に社名をジャガー・カーズと改めた。基本的に戦前型のまま生産を開始するが、車名はジャガーとした。ただし、エンジンはまだスタンダード社のものがベースのままであった。

本格的な戦後モデルとして登場したのが1948年登場の2シータースポーツカーのXK120である。XK120はジャガー独自開発の6気筒DOHCを搭載した流麗なクルマで、120は最高速120マイル（193km／h）に由来する高性能車である。XK120はモータースポーツにおいても大活躍し、純レーシングカーのCタイプへと発展していく。Cタイプは1954年にル・マン24時間レースに照準を合わせたモノコックボディのDタイプへと成長する。Dタイプは1955年から1957年までル・マンで3連勝し、ジャガーの名声は世界中に轟くこととなった。サルーンモデルにもこの高性能な6気筒エンジンを搭載し、代を追うごとに流麗なスタイリングにも磨きがかかっていき、ジャガーは世界を代表するスポーツサルーンとなっていった。

1960年、デイムラー社を買収する。このデイムラー社は1895年にドイツのダイムラーから ダイムラー特許を使用したエンジンの製造から始まったが、エンジン以外のつながりはなく、その後イギリスで独自の道を歩むことになった会社だ（ドイツのダイムラーと差別化するために日本ではデイムラーと表記するようになったようだ）。初のイギリス王室御用達となり、御料車なども生産していたため、ステータス性の高いブランドだった。そのためジャガーの高級バージョンとしてデイムラーブランドが使われるようになった。

1961年、Dタイプの設計をベースとしたスポーツカー、Eタイプが誕生する。Dタイプのポテンシャルを引き継いだ最高速240km／hを誇る超高性能でありながら、比較的低価格で販売される（同等の性能を持つアストンマーティンやフェラーリの半値程度だったといわれる）というジャガーの伝統が守られたこともあり、世界的なヒット作となる。現在でももっとも美しいスポーツカーの1台とされるEタイプこそ、現在に連なるジャガーのイメージを象徴する1台と言えよう。

1966年、ジャガーは順調だったが後継者がいなかったライオンズは、自分の年齢と将来に対する不安から、オースチンとモーリスが合併して大会社となっていたブリティッシュ・モーター・コーポレーション（BMC）と合併することを選択し、社名をブリティッシュ・モーター・ホールディングス（BMH）と改める。しかし、この合併は裏目に出て、BMHの業績は悪化してしまう。イギリス政府の主導により、1968年にはスタンダード・トライアンフ、ローバーなどを傘下に持つレイランドと合併することとなり、ブリティッシュ・レイランドという社名になった。

しかし特に競争力を失った同社の大衆車部門は、絶望的な状況に変わりはなく、1975年にはついに国有化されることになった。会社全体の業績が悪いので、ジャガー部門にも十分な資金が回らず、新型車の開発や商品改良が滞るようになった。労働運動も激化し、品質の低下も招いた。1984年、当時のサッチャー政権の国有企業の民営化政策により、ジャガーは単体で独立することとなった。社長のジョン・イーガンはジャガーの抜本的改革に乗り出す。1986年には1968年からフルモデルチェンジがなかった主力車種XJがようやく新型に切り替わった。

立ち直ることに成功したジャガーだが、当時プレミアムブランドを欲しがっていたフォードが買収を仕掛け、約24億ドルで買収することとなった。ちなみにGMもジャガー買収を画策していた。フォードの一員となったジャガーは、プレミアムブランドで構成されるプレミア・オートモーティブ・グループ（PAG）の主要ブランドのひとつとなった。フォードはブランド価値の明確化と同時に車種バリエーションの拡大に着手した。フォードブランド車のプラットフォームを使い、コストを下げて収益性を上げるのが狙いである。1999年、XJより下のラインナップとして、リンカーンLSの兄弟車となるSタイプ、さらに2001年にはフォード・モンデオの兄弟車Xタイプを発表した。

しかし、この2つのモデルは販売的に成功したとは言えず、ジャガーは赤字を続けることとなった。ジャガーだけでなくPAG全体の運営に行き詰まったフォードは、2008年にジャガーとランドローバーをインドのタタモーターズに売却する。この取引にはジャガーとランドローバーだけでなくデイムラー、ローバー、ランチェスターの3ブランドも含まれる。タタは新会社の社名をジャガー・ランドローバー（JLR）とした。フォード時代までは1960年代からの伝統的なスタイリングを踏襲してきたが、新しくデザイナーに就任したイアン・カラムは2008年のXFを皮切りに、まったく新しいジャガーデザインを構築し、ブランドイメージの刷新に挑戦した。その後SUVやBEVなど新カテゴリーのモデルを次々と投入し、新時代を模索中といったラインナップとなっている。

だがブランドイメージの刷新は成功したものの、それを販売に結びつけられていないのが辛いところだ。生産台数はフォード時代より3割ほど増えて16万台程度になっているが、それでもドイツプレミアム御三家の中で一番少ないアウディの10分の1以下の水準である。2021年に発表した新戦略「REIMAGINE」で、2025年以降発売するモデルはすべてBEVとし、2030年には100%BEVのブランドになるという。

またデザイン面でも一新し、過去を尊重しつつも、まったく新しいデザイン言語の体系になるという。そのため開発の最終段階に到達していたBEVの新型XJはキャンセルされ、新しいデザイン言語によるものに置き換えられるという（XJというネーミングは残る可能性がある）。2025年に明らかになる新しいジャガーの世界。デザインディレクターのジュリアン・トムソンによれば、豪華だが落ち着いた、これ見よがしではないものだという。

ランドローバー

「ぶれることなく一貫した4WD専門ブランドとしての存在感」

British car brands

ランドローバーは1948年にローバー社が発売したモデルである。従ってランドローバーは当初は車名であって、ブランド名ではなかった。ローバーは1901年に自動車の製造を開始したが、戦前は経営が苦しい状態が続いていた。第二次世界大戦中は航空機用エンジンの製造を行っていたが、戦後の1947年、自動車の生産を復活させる。車体は戦前型のままだったが、エンジンを新開発し、4気筒版をローバー60、6気筒版はローバー75という名で発売した。

第二次世界大戦中のジープの活躍に注目していたエンジニアのモーリス・ウィルクスは、1947年にジープのシャシーを使ったプロトタイプを製作し、なんと翌1948年にローバー60のパワートレインを活用したランドローバーの発売に漕ぎ着ける。初期のランドローバーは余っていた軍用機の内装用塗料を使ったため、ほとんどがライトグリーンだったと言われている。

ランドローバーは初期のジープとは異なり、ドアを備え、金属製のルーフを選択することもできた。

箱形ラダーフレームによる強固な構造を持ち、終戦直後の鉄不足によってボディはアルミで作られたため、ボディの錆の問題がなく耐久性にも優れていた。ランドローバーはヒット作となり、1950年代から1970年代までローバー社の最量販モデルであり続けた。また1951年にはイギリス王室御用達となり、ステータス性も高まった。1955年には金属製ステーションワゴン（3ドア版と5ドア版があった）が登場し、人気モデルとなる。1958年にはシリーズ2に進化し、スタイリングは若干モダンになったが基本的な特性は踏襲された。その後改良を加えつつ、1971年にはシリーズ3に進化するが、見た目と基本構成はほとんど変わらなかった。このモデルは1983年に大幅改良を加えられた後、2016年まで作り続けられた。

ランドローバーは高い人気を長年にわたり保ち続けていたが、富裕層からはランドローバーの特性を維持しつつ、より快適性の高いモデルを望む声が高まっていった。その回答が1970年にデビューしたレンジローバーである。レンジローバーは箱形ラダーフレームを踏襲しながらフルタイム4WDシステムを備え、ランドローバーのリーフスプリングに対してコイルスプリングを採用し、優れた走破性と快適性を併せ持っていた。この特性は多くの富裕層の支持を得て、その後レンジローバーは豪華高級化の道を進むことになる。

ローバー社自体は1967年にレイランド社に買収され、ブリティッシュ・レイランドの傘下となる。しかし1978年にローバーの乗用車部門はトライアンフと統合され、ランドローバー部門はブリティッシュ・レイランド傘下ではあるがランドローバー社として独立することとなった。1986年、ブリティッシュ・レイランドは商用車部門とスペアパーツ部門を売却し、社名をローバーグループと改めた。ローバーグループは1988年に民営化され、ブリティッシュ・エアロスペース社の傘下となる。1989年、レンジローバーをベースとした普及版としてディスカバリーが登場し、ラインナップが拡充するとブランド名と車名の関係を整理するため、オリジナルのランドローバーは1990年からディフェンダーと名付けられた。ランドローバーをブランド名とし、レンジローバー、ディスカバリー、ディフェンダーという今につながる車種ラインナップ構造はこの時完成したのだ。

この当時、ローバーグループはホンダと協力関係があり、ローバー車の多くはホンダ車をベースとしたものになっていた。その関係から、ディスカバリーは1993年から1998年まで日本のホンダディーラーで「ホンダ・クロスロード」という名で売られていた。

ブリティッシュ・エアロスペースはより安価でファッショナブルなモデルとしてフリーランダーの開発を行い、発売は1997年で後述のBMW時代となるもヒット作となり、5年連続でヨーロッパでもっとも売れた4WDとなった。

1994年、ブリティッシュ・エアロスペースはローバーグループをBMWに売却する。BMWはローバーグループの各モデルの刷新に取りかかり、レンジローバーの3代目モデルはBMW主導で開発された。BMWのエンジンとコンポーネントを使って開発された新型レンジローバーはモノコック構造と4輪独立サスペンションを備え、それまでより明確にクラスアップした高級・豪華なものになり、品質も大幅に向上した。

しかし、この3代目レンジローバー発売前の2000年、BMWはランドローバーをフォードに売却する。フォードは買収したジャガー、ボルボ、アストンマーティンにランドローバーを加えたプレミア・オートモーティブ・グループを形成するが、２００８年、フォード自体の経営状況が悪くなり、ランドローバーとジャガーは、インドのタタモーターズに売却されることになった。タタはジャガーとランドローバーの持ち株会社として、ジャガー・ランドローバー（ＪＬＲ）という会社名とした。しばらくの間、ランドローバーはＪＬR傘下で独立した会社として運営されていたが、２０１３年にグループは改組され、２社はＪＬＲに統合され、ＪＬＲにてジャガー、ランドローバーとも開発・生産を行う体制となった。

車種ラインナップ体制も見直された。レンジローバー、ディスカバリー、ディフェンダーを車種名ではなくサブブランドとし、サブブランド内で性格や価格帯が異なる複数車種を展開するというポートフォリオとなり、フリーランダーは廃止された。もっとも幅広く展開しているのがレンジローバーブランドで、頂点を成す豪華なレンジローバーの下、スポーティでやや安価なレンジローバースポーツ、コンパクトでパーソナルなレンジローバー・イヴォーク、スポーツとイヴォークの間を埋めるレンジローバー・ヴェラールと4車種の展開となっている。ちなみに初代レンジローバーは開発中、プロトタイプ車両には偽装のために「ＶＥＬＡＲ」という架空のブランド名が使われていた。この名前がモデル名として復活した形だ。ディスカバリーは基本となるディスカバリーと、ややコンパクトでスポーティなディスカバリースポーツの2車種を展開している。ディフェンダーは基本的に1車種だが、全長の違いで90、１１０、１３０という3バリエーションとなっている。

このように経営的視点では非常に複雑な経緯をたどったランドローバーだが、そのブランドイメージは今までぶれることなく一貫しており、オフロード4ＷＤ・ＳＵＶ専門のブランドとしての存在感は第一級でありつづけている。同じく専門ブランドのジープにはないステータス感を持っていることが何よりも強みだ。それがゆえに、親会社の経営が揺らいでも、本来の親ブランドであるローバーが消滅しても、ランドローバーを欲しがる企業が必ず現れ、今に至ることができていると言えよう。

ＪＬＲは２０２１年「ＲＥＩＭＡＧＩＮＥ」という将来戦略を発表した。レンジローバー、ディスカバリー、ディフェンダーという3つのプロダクトカテゴリーを維持しつつ、電動化を推進していくというのが基本的な戦略である。２０２４年発表予定のレンジローバーＢＥＶを皮切りに、２０２６年までにＢＥＶを6車種導入し、２０３０年にはすべてのモデルでＢＥＶを選べるようになるという。そして２０３９年にはネットゼロを達成するのが目標ということだ。しかし完全にＢＥＶの時代になっても、ランドローバーのブランドイメージは引き続き盤石だろう。高級ＳＵＶは数多くあるが、ランドローバー、特にレンジローバーのＳＵＶ界における存在感とステータス感は別格である。ヘリテージというものは一朝一夕で築けるものではなく、明確なヘリテージを持つブランドはかくも強力なのである。

アストンマーティン
「固定化されたイメージを持つ顧客層をいかに拡げるか」

British car brands

イギリスの高貴さとワイルドさを兼ね備えるスポーツカー／GTメーカーといえば、アストンマーティンを思い浮かべる人が多いのではないだろうか。1913年、ライオネル・マーティンとロバート・バムフォードが、シンガーを販売するために会社「バムフォード&マーティン」を設立したのがアストンマーティンの始まりである。

マーティンが改造したシンガー車をドライブして、アストン・ヒルで行われたヒルクライムに参加し、数回優勝した。これがその後「アストンマーティン」という車名の由来となる。彼等は小型で高性能なブガッティ・ブレシアに魅せられており、その英国版を目指して様々なメーカーのパーツをより集めて独自のクルマを作り始める。まずはコベントリー・シンプレックス社の1・4ℓエンジンを選択、それを1・5ℓとした上で様々な手を加えて高性能化し、自製のシャシーに搭載してアストンマーティンと名付ける。このクルマはスポーツイベントで大活躍し、アストンマーティンの名は広く知れ渡ることになる。

1920年、アストンマーティンの性能に感銘したズボロウスキー伯爵の資金援助を受けることになる。そして1922年に1.5ℓモデルを市販化する。しかし会社の経営はうまくいかず、最大のサポーターだったズボロウスキー伯爵が1924年に事故死、翌1925年に倒産の憂き目に遭う。1926年、ウィリアム・レンウィックとイタリア人アウグストゥス・ベルテリが商標権を買い取り、アストンマーティンは再興する。

すべてが新開発されたモデルはベルテリの設計によるSOHC1.5ℓエンジンが搭載されていた。つまりアストンマーティンを名乗りつつ、それ以前のものとはまったく別物になったのだ。このモデルを改良して1928年に生まれたのがインターナショナルで、その後ル・マン、アルスターといった名車を産むことになる。これらのモデルが戦前のアストンマーティンを代表するモデルとなる。ベルテリはレースに自らドライバーとして参戦し好成績を残したが、その費用も徒となって再び経営難に陥り、1931年にレンウィックが会社を去り、1938年にはベルテリも会社を去る。

その後、第二次世界大戦に突入、経営はさらに苦しくなり、戦後の1947年に資本家のデイビッド・ブラウンが買収する。その後の車名には彼のイニシャル、DBが付けられるようになる。最初のモデルDB1は、2ℓのスポーツモデルだった。デイビッド・ブラウンは同じく経営危機に陥っていた高級車メーカー、ラゴンダも買収、アストンマーティンと合体させてアストンマーティン・ラゴンダ社となった。ラゴンダは当時DOHC直6エンジンを開発中で、その設計はなんとW.O.ベントレーだった。デイビッド・ブラウンは、このエンジンをアストンマーティンに採用することを決め、D

Ｂ２以降のアストンマーティンは大型高級ＧＴ路線を進むこととなる。つまり戦前のアストンマーティンと戦後のアストンマーティンはまったく別物となったのである。

デイビッド・ブラウンもモータースポーツには積極的で、ＤＢ２をベースとしたレーシングカー、ＤＢ３を開発、その改良型ＤＢ３Ｓは各地のレースで大活躍する。後継車となるＤＢＲ１は、１９５９年にル・マン24時間で優勝、ワールドスポーツカー選手権でも総合優勝する。市販車はＤＢ４／ＤＢ５／ＤＢ６と高性能でありながらエレガントで高貴なイメージのＧＴとして成長していった。

アストンマーティンの名を、一般レベルにまで浸透させる結果となったのが、映画『００７／ゴールドフィンガー』でＤＢ５がボンドカーとして採用されたことである。ＤＢ５はジェームス・ボンドのイメージにぴったりであり、ボンドカー初の様々な特殊装備などの演出もあって、大変な人気となった。ＤＢ５は次作『００７／サンダーボール作戦』でも採用された。現在のアストンマーティンのブランドイメージのほとんどは、このボンドカーとしての強烈なイメージに基づいているといっても過言ではないだろう。

しかし、その後もオーナーを転々とし、経営は安定しなかった。１９９１年にフォード傘下に入ったことで新工場が建設され、開発体制も刷新し、生産台数も一気に増加した。２００２年、『００７／ダイ・アナザー・デイ』でV12ヴァンキッシュがボンドカーとして復活、それ以降のボンドカーはすべてアストンマーティンが担っている。２００７年には生産台数は７３９３台に達するが、その後落ち込んでしまう。フォードもフォード自体の経営難からアストンマーティンを手放すこととなった。引き継いだのはプロドライブ会長のデイビッド・リチャーズを筆頭とするコンソーシアムである。その後、AMGと技術提携するなどして、テクノロジーや品質を高め、第一線級のプロダクトを送り出すことに成功している。2020年には、アパレルで財を成したカナダの富豪ローレンス・ストロールによる投資を受け、ストロールは会長に就任した。ストロールはF1チーム、レーシングポイントのオーナーであり、2021年から名称をアストンマーティンF1とした。

アストンマーティンブランドの強みと弱みは、どちらもボンドカーとしての強烈なイメージにある。かつて1959年にはキャロル・シェルビーのドライブでDBR1がル・マン24時間の総合優勝を遂げる（映画『フォードVSフェラーリ』の冒頭シーンを思い出していただきたい）など輝かしい歴史はあるのだが、そのようなヘリテージを知る人は僅かで、現在のアストンマーティンのイメージはほぼボンドカーのみで形成されているといって良いだろう。しかし、これがアストンマーティンの限界でもあって、イメージが固定化し、顧客層が広がらないのだ。

デザイン的にも固定化してしまって、新しさを出せないでいる。この問題に対しアストンマーティンはどう対処しようとしているのか。2015年、元日産副社長のアンディ・パーマーが社長だった頃、販売台数を5倍の増やすというセカンド・センチュリープランを打ち出した。このプランの柱はDBX（SUV）やラゴンダ（セダン）、本格的ミッドシップカーなど車種ラインナップの拡充というものだった。2019年にDBXが正式に発表され、同年のジュネーブモーターショーではラゴンダのコンセプトカーとミッドシップスポーツカー3車種を一気に展示し、新世代のアストンマーティンの形を具体的に見せた。DBXの受注は順調で、2023年のアストンマーティンの生産台数は6700台程度になる見込みである。

車種の拡充と同時にアストンマーティンが取り組んでいるのが、ブランドイメージの刷新である。狙いはボンドカーに頼りすぎたイメージから、本格的なスポーツカーブランドへの昇華である。そのための取り組みのひとつは、前述した本格的ミッドシップスポーツカーラインナップの構築であり、そのイメージリーダーは世界最高水準のパフォーマンスを持つヴァルキリーである。そしてそのイメージを強化・サポートするのがF1である。

一方で避けられないのが電動化への対応だ。メルセデス・ベンツとの技術提携もあるが、新たにアメリカのBEV新興メーカー、ルシード・グループとも技術提携で合意した。BEV化に向け20億ポンドを投資するという。アストンマーティンの電動化の尖兵となるのは、2024年発売が予定されているプラグインハイブリッドスポーツカー、ヴァルハラだ。ヴァルハラはミッドシップスポーツカーとしても初の量産型となる。そして2025年には初のBEVモデルを発表するという。新開発されたBEV専用プラットフォームでスポーツカー、GT、SUVすべてを作ることができるという。2026年にはすべてのモデルで電動バリーエーションを用意するという計画だ。まさに過渡期にあるアストンマーティン、これからの展開が楽しみである。

マクラーレン

「ペトロールヘッドの期待に応えるブランドとして」

British car brands

ブルース・マクラーレン——このニュージーランド出身の天才ドライバーから、このブランドの物語は始まる。ブルースの父親レス・マクラーレンは、オークランドでガソリンスタンドを経営しており、趣味でレースにも参戦していた。ブルース少年は幼い時からレーシングカーに親しんでいたわけだ。ブルースは14歳の時にヒルクライム競技に参戦したのを皮切りに16歳でレースに挑み、瞬く間に好成績をあげる。その才能を見出したニュージーランド国際グランプリ協会は、1958年に彼をヨーロッパのF2レースに参加させた。

F1／F2混走で行われた1958年のドイツGPに、クーパーF2マシンで出場し、なんと総合5位でフィニッシュする。その走りが認められ、翌1959年からF1にステップアップすると、同年のアメリカGPで初優勝を果たす。22歳での優勝は当時のF1最年少記録である。翌1960年はF1選手権に10戦（含むインディ500※当時はインディ500にも世界選手権のポイントを与えられた）に出場、優勝1回を含む表彰台6回という好成績でジャック・ブラバムに次ぐ2位でシーズンを終えた。そして1963年、オセアニアで行われるタスマン・シリーズ参戦のため自らのチーム、ブルース・マクラーレン・モーター・レーシングを立ち上げる。これが現在に至るマクラーレン・レーシングの始まりである。

1966年には自ら開発に関与したフォードGT40でル・マン24時間に勝利する。同年、F1とCan-Amで自らの名を冠したマシンの製作を始め、コンストラクターとなる。Can-Amでの活躍は凄まじく、マクラーレンのマシンは1967年から1971年まで連続チャンピオンとなり、ブルース自身も1967年と1969年のドライバーチャンピオンとなった。F1でも1968年にコスワースV8エンジンを得てからは競争力が高まり、1968年は優勝1回を含む表彰台3回、1969年は優勝こそなかったものの表彰台3回、入賞5回でシーズン3位を獲得し、チームとしてもコンストラクター2位となっている。

しかし1970年、Can-Amマシンをテスト中にクラッシュ、帰らぬ人となってしまったのである。ブルース亡き後のマクラーレンはテディ・メイヤー率いるチームメンバーが引き継いだ。1974年（ドライバーおよびコンストラクター）と1976年（ドライバー）にワールドチャンピオンとなるが、その後、戦績はふるわなくなる。1981年、チーム建て直しのためロン・デニス率いるプロジェクト・フォー・レーシングと合併、デニスがチームを率いることとなる。この時期から車名に使われるMP4はマクラーレンとプロジェクトフォーを組み合わせたものである。このロン・デニスが率いたチームは、ホンダおよびメルセデス・ベンツと組んで素晴らしい戦績を残し、現在に至るのはご存知の通りである。

一般的に、レーシングチームがロードカーを発売することはほとんどない。彼等はレーシングカーのスペシャリストだから、市販車の開発にはほとんど関心がないからである。しかしマクラーレンは違った。創始者のブルース・マクラーレンはマクラーレンのロードカーを作ることを模索していたのだ。1969年、クローズドボディのM6GTのうち2台をロードユースに改装し、1台を自らのプライベートカーとして使用していたのである。これを量産化する計画もあったが、ブルースの死によって頓挫してしまう。

その思いを引き継ぎ、ロン・デニスはロードカーを開発するマクラーレン・カーズを1985年に設立し、1992年にマクラーレンF1を発表する。ロン・デニスの完璧主義に基づき、F1で数々の名マシンを生んだゴードン・マレーが設計した、究極のスポーツカーだ。市販車として初めてカーボンモノコックを採用するなど、その類を見ない性能と仕上がりは自動車界に衝撃を与えた。マクラーレンF1はただ高性能なだけでなく、快適性や実用性にも優れており、まさに当時の水準をはるかに超えた〝究極のクルマ〟と言えた。マクラーレンF1にはBMWがM8用に開発するも、お蔵入りとなっていたV12DOHCエンジンをベースとしたS70／2エンジンが採用された。開発中、マクラーレンF1にはホンダエンジンが使われていたが、ホンダにこのクルマに見合うエンジンがないためBMWで宙に浮いていたこのエンジンに白羽の矢が立ったと思われる。

ただし、このF1は約1億円と当時としては飛び抜けて高価であったため（1991年発表のブガッティEB110が4000万円程度、1995年発表のフェラーリF50が5000万円程度だった)、ロードカーとしては64台しか売れなかった(レース用も含めて総生産台数は106台)。それ故、現在では極めて貴重なクルマとして認識されており、オークションでは20億円を超える値が付いている。販売が不調だったため、マクラーレンはロードカーの開発をしばらくの間、取りやめることになる。現在の市販車としてのマクラーレンブランドは、この伝説的なマクラーレンF1をベースに形成されていると言って良いだろう。

マクラーレンのロードカー計画は、2003年発売のメルセデス・ベンツSLRの共同開発がきっかけに再始動する。2010年、マクラーレン・カーズはマクラーレン・レーシングとは完全に独立した形でマクラーレン・オートモーティブに進化する。そうして復活を遂げたのが、2011年発表のMP4-12Cである。MP4-12Cは、マクラーレンF1で形成された「速いだけでなく快適性も兼ね備えた最先端・究極のロードカー」というブランドイメージを大切にしつつ、販売量を確保するためより幅広い層にアピールする、フェラーリと同等の価格レンジを目指して開発された。

マクラーレンF1と同じくカーボン素材のモノセルを採用したが、生産性とローコスト化のためにオートクレーブを用いない製法が採用された。エンジンはリカルドが開発した日産のレーシングエンジンをベースとしたものが採用された。サスペンションにはプロアクティブシャシーコントロールという新技術を採用することで、運動性能だけでなく快適性も高め、他のスーパースポーツカーとは異なる乗り味を実現し、マクラーレンブランドの個性を確立することに成功した。2015年からスポーツ、スーパー、アルティメットの3シリーズを形成したが、スーパーシリーズにカテゴライズされるモデルであっても、スーパースポーツカーとしては非常に乗りやすく、快適性も高いという個性を守り続けている。そして2017年、マクラーレン・オートモーティブはマクラーレングループに統合され、再びF1チームと同じグループの一員となった。

マクラーレンのヨーロッパでの販売はイギリスも含めて年間500台程度（2022年は517台）のため、EUのCO_2規制の対象外だ（ただし自主的な削減は求められる）。つまり大メーカーとは違い、電動化を強制されない立場にある。2018年発表の中期経営計画TRACK25では、全車種のPHEV化は発表されているものの、BEVには一切触れられていない。現CEOのミハエル・ライターズは、BEVスーパーカーは2030年まで出すことはないと発言している。またその理由として、現状のバッテリーでは加速は優れるものの重量が重くマクラーレンにふさわしい俊敏性が実現できず、軽量なバッテリーの実用化が不可欠であるからとしている。初の量産型PHEV、アルトゥーラもバッテリー容量7・4kWhでPHEVとしては最低限のバッテリーしか搭載していない。

マクラーレンは、今後も〝ペトロールヘッド〟の期待に応えるクルマを当分の間は出し続けてくれるだろう。彼等自体がペトロールヘッドなのだから。願わくは、モータースポーツにおいても栄光の歴史に彩られたブランドにふさわしいポジションに復活してもらいたいものである。

ロータス
「ライトウェイトスポーツの理想型として一貫したイメージ」

British car brands

ロータスはレース界では有名なコーリン・チャップマンによって創設されたレーシングカーコンストラクターであり、スポーツカーメーカーである。ロータスエンジニアリング社が産声を上げたのは1952年。従業員はコーリン・チャップマンとマイケル・アーレンの2人だけ、場所はコーリンの父親が経営するホテルの馬小屋だった。しかし、この時点で既にＬＯＴＵＳの文字と自らの名前のイニシャルであるＡＣＢＣをかたどった貝殻型のロゴは完成していた。

チャップマンはまだロンドン大学工学部の学生だった1947年、中古のオースチン・セブンをベースとしたスペシャルの製作を思い立つ。そしてこのクルマにロータス・マーク1という名を付けたのだ。なぜロータスなのかという理由については公式な記録はないが、第1期ホンダＦ1の監督だった中村良夫の著書『グランプリ 2』（二玄社）に中村がコーリンから直接聞いた話として、当時コーリンは東洋哲学や仏教に関心を持っていて、それ故に蓮を意味するロータスという名を与えた、という記述がある。ともあれ、このマーク1でトライアル競技に参加したコーリンは、モータースポーツの虜になり、より競争力の高いマシンを作ろうと志す。3台目のマーク3は、サーキットレースを目指し、当時の750フォーミュラという規格に則って製作された。このマーク3はレースで好成績をあげ、イギリスのモータースポーツ界でロータスの名は知れ渡ることとなる。

コーリンは1952年、市販化を狙ったモデル、マーク6を完成させる。従業員はまだ3人しかいなかったが、週1台のペースで100台以上のマーク6が作られた。ただしマーク6は完成車としては売られず、キットフォーム販売だった。ロードカーとしては1957年、現在のケータハムにつながるセブンと画期的なFRPモノコックをもつエリートを同時に発表・発売した。どちらも小型軽量で俊敏、パワーは少なくとも優れた操縦性で素晴らしいスポーツカーに仕上がっていた。

エリートのFRPモノコックの欠点を修正し、スチール製バックボーンフレームを持つエランは1962年に発表され、今でも最高のスポーツカーの1台として初期のロータスを代表するモデルとなった。1966年登場のヨーロッパも、エランをミッドシップにしたような構造の素晴らしい小型ライトウェイトスポーツカーであり、1970年代初頭までのロータスはまさにライトウェイトスポーツの理想型として一貫したブランドイメージを築きあげたのであった。

ロータスは1958年からF1にも参戦、1960年モナコグランプリで初勝利を挙げる。1963年には画期的なモノコックボディを持つロータス25で10戦中7勝を挙げワールドチャンピオンを獲得したのを皮切りに1960年代に3回、1970年代に4回コンストラクターチャンピオンを獲得、F1を代表するチームへと成長する。

フェラーリと並んでF1界における横綱級ビッグネームに成長したロータス。チャップマンがロータスをロードカーにおいても、フェラーリと並ぶようなステータス性のあるブランドに成長させようと考えたのも無理もない。1970年代に登場したエリート、エクラ、エスプリはそれまでのロータス車とは異なり、ボディサイズは大きくなり、豪華で高価な車となっていた。

しかし、この大型化路線は凶と出て、1980年代に入るとロータス車の販売は低迷する。それに追い打ちをかけるように1982年にチャップマンが急死してしまい、開発資金も底をつき1986年にはGM傘下に収まることになる。この買収の裏にはGMのエンジニアリング担当の副社長だったボブ・イートン（後にクライスラーの社長となる）がロータスの大ファンだったという話がある。GM傘下のロータスはライトウェイトスポーツの復活を試み、1990年に2代目エランを出したが、コスト削減のためいすゞ・ジェミニのパワートレインを流用した前輪駆動方式だった。先代エランとはまったく異なる中身ではまったく人気が出ず、わずか2年で生産中止となってしまう。

1993年、当時ブガッティを所有していたアルティオーリの手に渡るが、すぐにブガッティそのものが危機的状況に陥る。その渦中の1995年に発表したエリーゼは小型軽量な本来のロータスらしさにあふれた魅力的なモデルだった。当初量産も危ぶまれる状況だったが、1996年にマレーシアのプロトン傘下となることで資金難から逃れ、エリーゼによってロータスの人気は一気に復活した。エリーゼの成功により、年500台以下に落ち込んでいた販売台数は2005年には5000台を超えるまでになった。

しかし、その後ヨーロッパ、エヴォーラと上級車種を追加したものの台数は伸びず、エリーゼも大きな進化はなかったため販売が減少し、リーマンショックの影響もあって、2009年には2000台を割り込んでしまう。ここで大きな変革に取り組もうとしたのが2009年に社長となったダニー・バハーである。彼の計画はロータスのラインナップを大幅に上級・高性能に移行させるというもので、2010年のパリモーターショーでは一気に4台のプロトタイプを展示した。さらにモータースポーツでの栄光を取り戻すべく、F1やインディにロータスの名を復帰させた（ただしスポンサーとしてであったが）。エリーゼの成功と真逆な方向で、かつての失敗を彷彿させるものであったが、案の定、この動きは長続きしなかった。2012年にプロトンがDRB-ハイコムに買収されると、すべての計画は見直され、バハーは更迭された。その後、既存車種の改良のみで凌ぐ時代が続いた。

2017年、中国のジーリー（吉利汽車）がロータス株式の51％を取得した。この新しいオーナーの元で登場した初めてのモデルが2019年に発表されたBEVハイパーカーであるエヴァイヤである。今までのロータスから考えると唐突にも感じられる超高価・超高性能BEVのエヴァイヤは、ロータスの将来像を示唆するモデルだ。ご存知のとおり中国政府はBEV化を強く押し進めている。そのためジーリーも電動化を強力に推し進めているのだ。2022年に発売されたエミーラが、内燃機関を搭載する最後のロータスになると言われている。そして、2023年には中国生産のBEVでロータス初のSUVであるエレトレが発売された。

つまり、近未来のロータスはBEVを中心としたブランドとなるのである。歴史的にロータスはエンジンが魅力であったわけではないので、BEVへのシフトは容易と考えることもできる。しかし今のリチウム電池の性能では、ある程度の性能と航続距離を達成するには、大きく重く高価なクルマとならざるを得ないだろう。そのためロータス初の量産ＢＥＶとなったエレトレは、ＳＵＶという形式をとったし、エヴァイヤは車重１８８７kgというスポーツカーとしては超ヘビー級である。

２０２１年に発表された計画によれば、今後はエレトレをはじめとする「ライフスタイルビークル」が販売の中核を成すとしており、２０２３年9月、ＢＥＶの4ドアＧＴたるエメヤが発表された。今後エレトレに続く新型ＳＵＶなどが計画されている。つまりＳＵＶないしＧＴ分野が今後のロータスの主力となっていくようだ。ＢＥＶが主力となる以上、やむを得ない選択である。

電動スポーツカーに関しては、この戦略が発表された時点ではアルピーヌと共同開発するとしていたが、それは破棄されて単独開発となったとだけ発表されている。小型軽量のＢＥＶスポーツカーを成立させることに苦戦しているようだ。これまで小型軽量で俊敏であることがブランド価値だったロータスが、この大きな変化を達成できるのか。今までの歴史を鑑みればブランドイメージが固まっているヨーロッパや日本では厳しいように感じられる。うまくいくにしても、ロータスは過去のイメージにとらわれない中国や新興国をメインマーケットとするブランドになってしまうのかもしれない。

ロールス・ロイスは航空機

ロールス・ロイスといえば高級車を思い浮かべる人がほとんどだろう。しかし企業として圧倒的に大きいのは、航空機エンジンメーカーのロールス・ロイス・ホールディングスである。自動車のロールス・ロイス・モーター・カーズの従業員が約2000人なのに対し、ロールス・ロイス・ホールディングスの従業員は4万1800人（2022年）である。

この2社はもともと同じ会社で、最初は自動車を製造していたが、第一次世界大戦をきっかけに航空機エンジンを作るようになり、1920年代末には航空機エンジンの売り上げの方が大きくなっていったのである。1953年には民間機用エンジンの生産に乗りだし、ビッカース・バイカウント機に搭載された。1964年に就航した日本製の旅客機YS−11に採用されたエンジンもロールス・ロイス製だった。

1960年代半ば、ロッキード・トライスター用エンジンRB211の開発に着手するが、開発が難航した上、他メーカーとの価格競争にも巻き込まれた。自動車の販売不振も重なって経営難となり、1971年に国有化される。そして1973年に自動車部門と航空機エンジン部門が分社化されることになったのだ。

　しかし難産だったＲＢ２１１は改良を重ねてバリエーションを増やし、ボーイング７４７／７５７／７６７などにも使われるようになり、経営は立ち直って世界的な航空機エンジンメーカーに成長していく礎となった。

　１９８７年には民営化され、１９９０年にＢＭＷと新型ジェットエンジンの共同開発を行うこととなった。ＢＭＷは自動車以前は航空機用エンジンのメーカーで、第二次世界大戦中は航空機用エンジンの生産が中心だったが、戦後ドイツが航空機の生産を禁止されたため、自動車とモーターサイクルの生産に集中するしかなかった。しかし東西ドイツの統一により主権が完全に回復され、航空機ビジネスへの参入を狙ったのである。東西統一の象徴の地であるベルリン近郊に設立された会社名はＢＭＷロールス・ロイスである。

　ここで開発されたＢＲ７００系エンジンはボーイング７１７やガルフストリーム、ボンバルディア機などで使われている。ロールス・ロイス・シルバーセラフにＢＭＷ製エンジンが搭載されたり、１９９８年のロールス・ロイス・モーターズ売却の際、ロールス・ロイスの自動車における商標権をＢＭＷに譲ったりした背景には、このようなビジネス上の深い関係があったのだ。

　２０００年、ＢＭＷは航空機エンジンビジネスから手を引き、ＢＭＷロールス・ロイスはロールス・ロイス・ホールディングスの完全子会社となった。社名はロールス・ロイス・ドイチェランドとなり、現在も生産が続けられている。

　１９８０年代後半、技術的にはＲＢ２１１の基本構造をベースとしつつ新世代エンジンとしたトレントシリーズの開発に着手する。トレントシリーズは川崎重工業やＩＨＩといった日本企業も開発や生産に関与している。最初のトレント700はエアバスA330用に開発され、1995年から運用が開始された。次のトレント800はボーイング777用で約4割の777で採用されている。トレント900はA380用に開発され、半数以上のA380で採用された。

ボーイング787用に開発されたトレント1000は全日空が787導入の際に採用し、全日空としてはロッキード・トライスター以来のロールス・ロイスエンジンとなった。全日空のA380もトレント900が使われている。その後ロールス・ロイスはエアバスとの関係を強化、A350はトレントXWBを専用エンジンとして設計されている。従ってJALのA350はJAL史上初のロールス・ロイスエンジン搭載機である（JALはYS-11を1年だけチャーター機として使っただけで購入はしていない）。なおA330neoもロールス・ロイスエンジン専用機である。

現在の航空機エンジン市場でロールス・ロイスはGE（55%：2020年）、プラット&ホイットニー（26%）に次ぐ3位（18%）のポジションにある。日本の空では、全日空がボーイング787、日本航空がA350という主力機でロールス・ロイスエンジンを採用したため、ロールス・ロイスの存在感は一気に高まっているのだ。

あとがき

この本のタイトルは『なぜクルマ好きは性能ではなく物語（ブランド）を買うのか』ですが、私自身のクルマ人生を振り返ると、まさに物語を買うという局面が多かったと思います。小さい頃からの憧れだったのがポルシェで、高校生の時はプラモデルを作りまくり、様々な本を読みまくって知識を蓄えていきました。大学卒業時の旅行ではポルシェ本社とミュージアムを訪れ、24歳の時に初めてポルシェを運転した時（車種は１９７１年式、２・２ℓの９１１Ｓでした）は、感動のあまりその夜ほとんど寝られなかったくらいです。

だからいつかはポルシェ、と仕事も頑張りました。そして遂に手に入れたのは41歳の時です。９１１ではなくボクスターでしたが、ステアリングホイールの中央に輝くポルシェのロゴマークを見ながらの運転は、大げさに言えば人生のひとつの到達点とも言えるものでした。その後空冷９１１に乗り換え、真の夢を達成することになるのですが、ポルシェの良さを味わうというより、そのオーナーとなったことの達成感と充実感の方が大きかったと思います。

ポルシェは特別ですが、高校生の頃から自動車雑誌を読みあさっていた私は様々なブランドに思い入れを抱くようになります。自動車好きなら誰もが憧れるフェラーリとアルピナ。大衆車ながら日本では珍しかったシトロエンやルノーにも強い関心を持ちました。そして、そのブランドの背後にあるストーリーにも関心が募り、知識が深まるとさらに思い入れが深まります。そうなると、クルマ自体の善し悪しよりも、そのブランドを経験する、ということの方が重要になってきます。ロータス、フェラーリ、アルピナ、アバルトなども実際に購入し、ブランド体験を積み重ねました。

私ほどのめり込まなくとも、クルマ好きの多くの人は多かれ少なかれ同じようなプロセスを経て、特定ブランドのファンになっていくのではないでしょうか。実際、フェラーリとランボルギーニで迷う人は希でしょうし、メルセデス・ベンツとBMWもどちらか一方のファンという人が多く、ブランド間の乗り換えは意外と少ないといわれています。ブランド力のあるブランドは、ずっとそのブランドに乗り続ける顧客を多く抱えています。

憧れのブランドでなくても、トヨタのように信頼感から乗り続ける顧客をたくさん抱えるブランドもあります。世界でもっともBEV販売比率が高い国(82・4%)であるノルウェーで、2023年にトヨタのbZ4Xが4位にまで躍進し、BEV以外で販売ベスト10に入っているのはヤリスとRAV4のみ、という事実は、トヨタがいかにノルウェーでも信頼されているかということを表していると思います。

しかし、憧れ感が重要な高級ブランドの世界では、圧倒的にヨーロッパのブランドが強いです。高品質でデザインに優れた製品が多いのは確かですが、品質やデザインという面では日本企業にも優れたものがあります。例えばグランドセイコーはロレックスと見比べても遜色ないどころか、より優れているといっても良いでしょう。海外でも時計愛好家はグランドセイコーの方をより高く評価しています。ところが一般レベルで人気なのは圧倒的にロレックスで、グランドセイコーの10倍も生産されているのに入手困難なほどです。その理由こそがブランド力なのです。グランドセイコーは、時計に関心のない人にとってはセイコーと区別できません。ロレックスは長い年月をかけてブランド力を高めていき、他にはない価値があると世界中の人の頭の中にパーセプションを築き上げていったのです。偶然ではなく、戦略的にブランドイメージを構築していったのです。

自動車でもBMWやアウディは、まさに戦略的に作られたブランドと言って良いでしょう。テスラも極めて戦略的に短期間で構築されたブランドです。時計でいえば超高価格で知られるリシャール・ミルがまさにそうです。リシャール・ミルはもともと技術力があったわけではなく、数多くの協力会社があって成立しているのですが、世間的にはリシャール・ミルというブランドに価値があると思わせることに成功しています。

今までの日本ブランドは、製品の品質とコストパフォーマンスで戦ってきました。しかし、これからの自動車市場を考える時、特にＢＥＶの分野で中国メーカーのコストパフォーマンスは圧倒的です。価格と性能だけで選ばれてしまったら、世界中のＢＥＶ市場は中国ブランドに席巻されてしまうでしょう。日本ブランドはトヨタといえどもブランド力の源泉は信頼と安心です。しかし、これからはそれだけで戦っていくのは困難です。

日本ブランドには欧州ブランドにも負けない歴史と実績があります。それをブランド力という価値にいかに置き換えていくかが、これからの日本ブランドにとって重要になってきます。欧州ブランドがいかにブランド力を構築したかを理解し、きちんと自らの歴史を振り返り、尊重したうえでブランド戦略を構築することが重要です。そのための一助にこの本がなれば幸いと思っています。

山崎　明

初出：ＧＥＮＲＯＱ、ゲンロクｗｅｂ

なぜクルマ好きは性能ではなく物語(ブランド)を買うのか
自動車メーカー 32ブランドの戦略

2024年3月13日　初版 第1刷発行

著者：山崎 明
表紙：モリナガ・ヨウ

発行人：伊藤秀伸

発行元：株式会社三栄
〒163-1126　東京都新宿区西新宿6-22-1　新宿スクエアタワー 26F
受注センター TEL048-988-6011　FAX048-988-7651
販売部 TEL03-6773-5250

印刷製本所　図書印刷株式会社
装丁：石橋健一（㈱ソルト）
DTP：㈲KCオフィス
編集：吉岡卓朗（GENROQ）

SAN-EI CORPORATION
PRINTED IN JAPAN 図書印刷株式会社
ISBN 978-4-7796-5018-5